Axure RP 7 60小时案例版

网站和APP原型制作从入门到精通

金乌 / 著

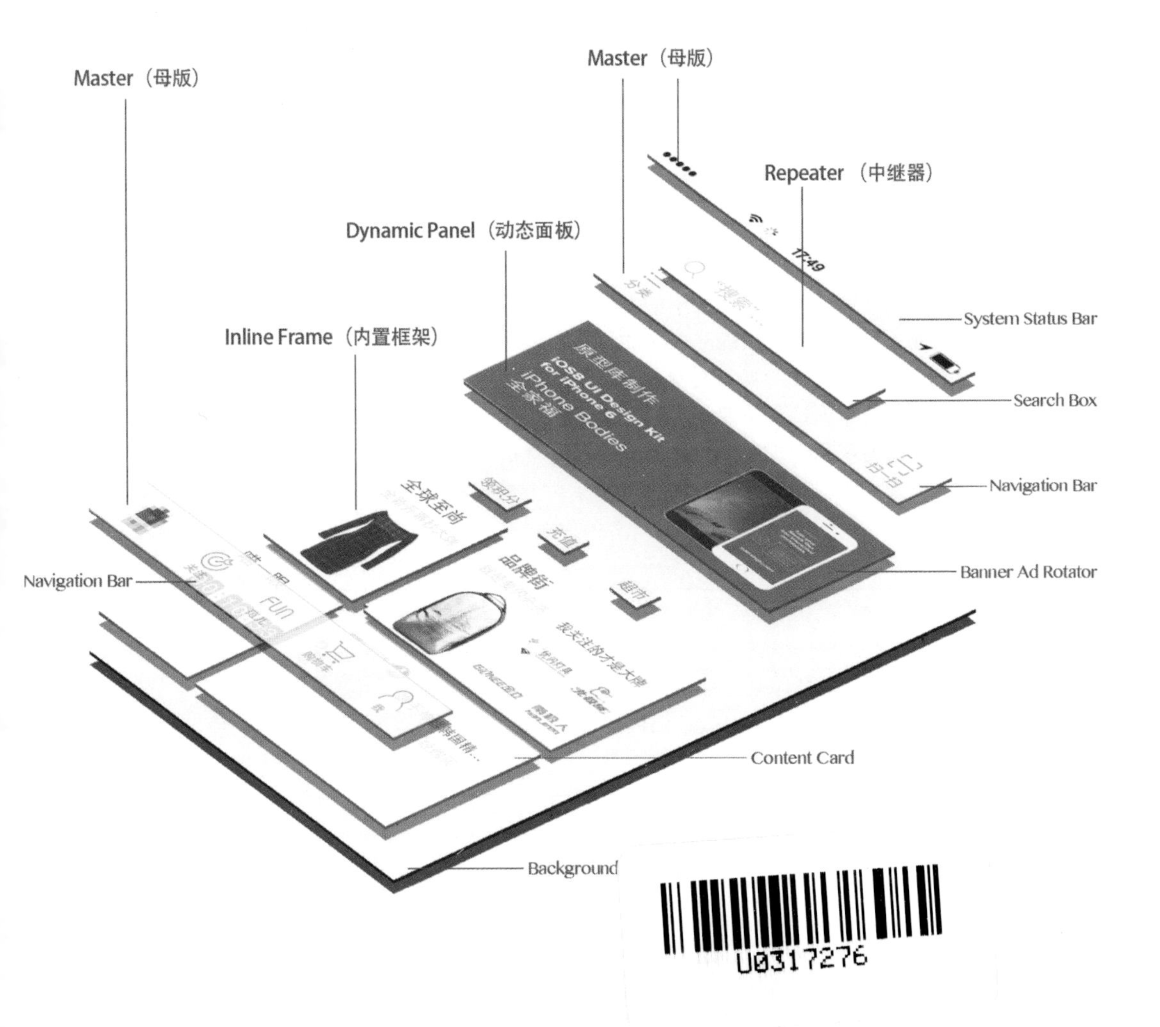

人民邮电出版社
北京

图书在版编目（CIP）数据

Axure RP7网站和APP原型制作从入门到精通 ：60小时案例版 / 金乌著. -- 北京 ：人民邮电出版社，2016.5
ISBN 978-7-115-42155-5

Ⅰ. ①A… Ⅱ. ①金… Ⅲ. ①网页制作工具 Ⅳ. ①TP393.092

中国版本图书馆CIP数据核字(2016)第078123号

内 容 提 要

本书原版《Axure RP7 网站和 APP 原型制作从入门到精通》自 2015 年春季上市以来，凭借其清晰的结构、全面的内容，以及精彩的案例，一跃成为各大图书网店中最受欢迎的 Axure 教程。

根据读者的反馈，本书将原版中的书面内容进行精炼，保留了最关键的知识点和案例，方便读者高效地学习和掌握 Axure RP7 的核心知识和使用技巧。

针对原书中备受好评的视频案例部分，本书增加了 60 小时视频教程，涵盖各种情景下的原型制作需求，帮助读者快速上手，以满足求职和工作的现实需求。

本书对互联网产品经理和用户体验设计师具有指导意义，同时也非常适合 UI 设计类相关培训班学员及广大自学人员参考阅读。

◆ 著　　　金　乌
　责任编辑　赵　轩
　责任印制　焦志炜

◆ 人民邮电出版社出版发行　　北京市丰台区成寿寺路 11 号
　邮编　100164　　电子邮件　315@ptpress.com.cn
　网址　http://www.ptpress.com.cn
　北京缤索印刷有限公司印刷

◆ 开本：720×960　1/16
　印张：13.25
　字数：140 千字　　　　2016 年 5 月第 1 版
　印数：1 – 3 000 册　　　2016 年 5 月北京第 1 次印刷

定价：108.00 元（附 5 张光盘）

读者服务热线：(010)81055410　印装质量热线：(010)81055316
反盗版热线：(010)81055315

本书说明

光盘激活说明

假如 DVD 无法读取或者没有光驱，可以到以下网址下载视频，然后根据说明输入光盘上的自助激活码即可。

百度网盘：链接 : http://pan.baidu.com/s/1mgOnMVe（密码：fhuw）

案例源文件下载：链接 : http://pan.baidu.com/s/1bnRUear（密码 : bak5）

关于视频教程名称的说明

在最初录制该书配套视频教程时，名称暂定为《Axure RP7 网站和 APP 高保真原型经典案例集锦》，并于出版时正式更名为《Axure RP7 网站和 APP 原型制作从入门到精通（60 小时案例版）》，视频教程内容不变，请各位读者知悉。

Axure RP7 的安装汉化

① 下载 Axure RP7

- 官方下载地址：http://www.axure.com
- 网盘下载：http://pan.baidu.com/s/1jHwJ7le 密码：esrw

② 下载汉化包

下载地址：http://pan.baidu.com/s/1sjSdeix 密码：nkbz

或者百度搜索 Axure RP7 汉化包金乌纠正版

③ 汉化

- Mac 机的汉化方法

第一步：双击 Axure 安装程序，将 Axure 图标拖放到应用程序文件夹中，见图 a01。

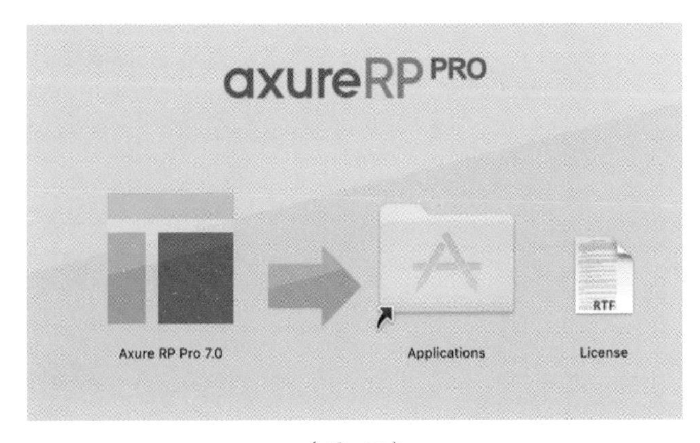

（图 a01）

第二步：在应用程序中右键单击 Axure RP7 图标，在弹出的关联菜单中选择“显示包内容”，见图 a02，然后进入 Contents >Resources，然后将下载的汉化包解压缩后复制到 Resources 文件夹中，见图 a03。

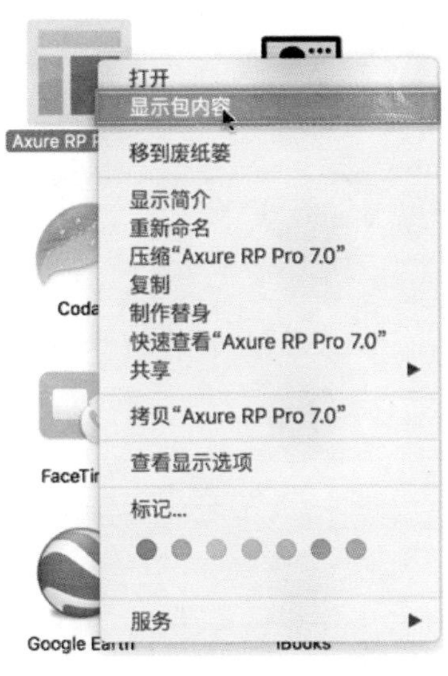

（图 a02）

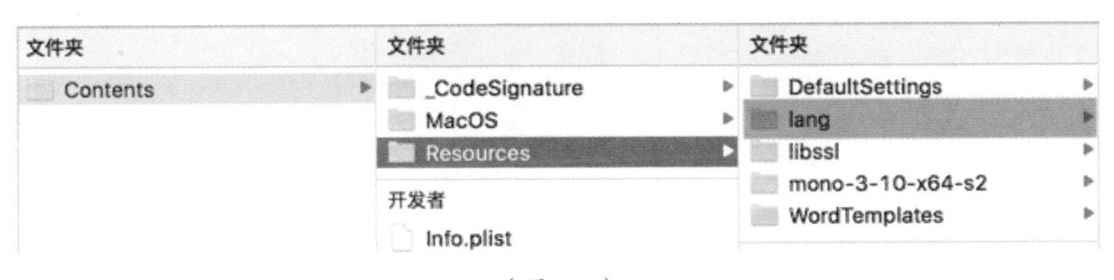

（图 a03）

第三步：启动 Axure RP7，此时已经汉化成功。

■ PC 机的汉化方法

第一步：双击安装包进行安装。

第二步：安装成功后，右键单击桌面上的 Axure 快捷方式，在弹出的关联菜单中选择“属性”，在弹出的属性对话框中单击“打开文件所在的位置”，见图 a04，然后将 lang 文件夹复制进去即可，见图 a05。

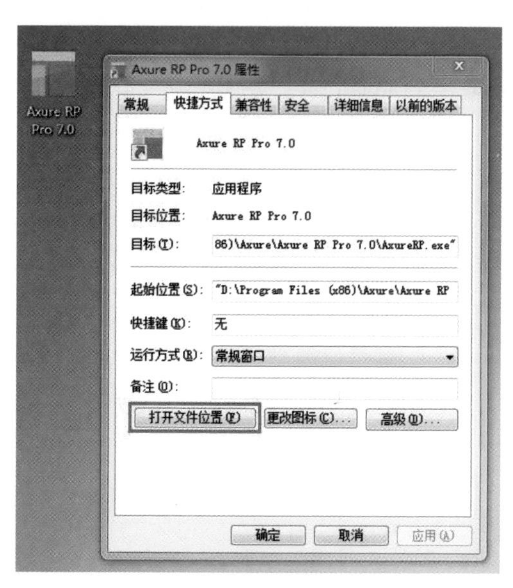

（图 a04）

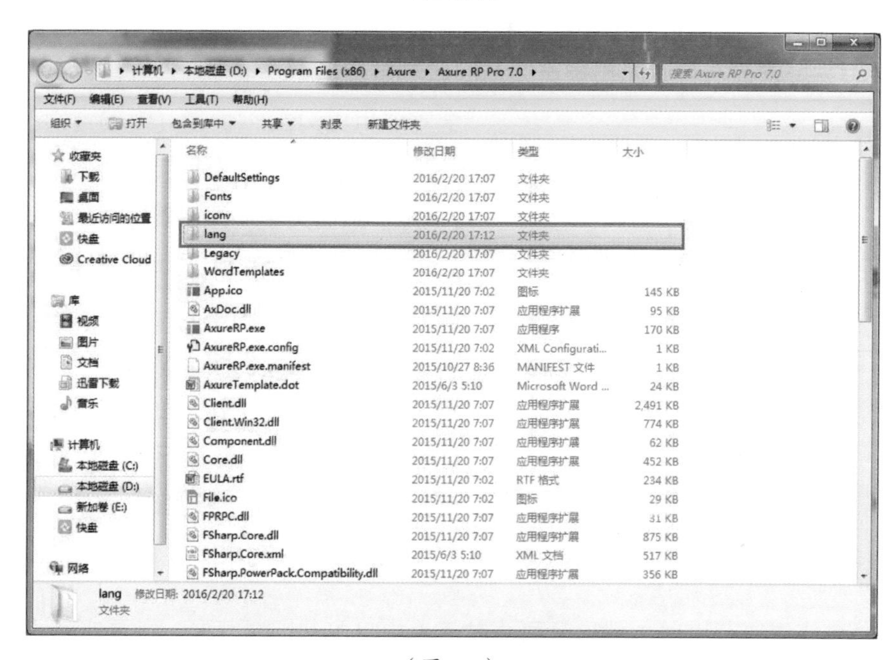

（图 a05）

第三步：启动 Axure RP7，此时已经汉化成功。

前言

原型制作是在正式开始视觉设计或编码之前最具成本效益的可用性跟踪手段。Axure RP7 是行业中最知名的原型设计工具之一。随着专业工具的出现，设计用户体验从未如此令人兴奋，设计原型也从未如此具有挑战性。

随着我国互联网行业迅猛发展，互联网公司中不同职位的界定愈发清晰，对员工的专业能力需求也愈发突出，熟练使用 Axure 也成为 UX 设计师甚至产品经理的先决条件。本书通过真实的案例和场景，循序渐进地帮助你将 Axure 集成到用户体验的工作流程中。

什么人适合阅读本书

- 用户体验设计师、业务分析师、产品经理和其他参与用户体验项目的相关人员。
- 互联网创业者或创业团队中的成员。

本书遵循以用户为中心的设计原则，从基础知识讲起，逐渐深入并配合大量案例与视频教程，适用于对 Axure 有一些了解，同样也适用于并不知晓 Axure 这款软件的读者。

读者反馈

欢迎广大读者对本书做出反馈，让作者知道本书中哪些部分是你喜欢的或者哪些部分内容需要改善。如果您对本书有任何建议，请发送邮件至 yuanxingku@gmail.com。

案例下载

书中所讲解的案例文件都可以到论坛中下载。此外，您在学习本书过程中遇到任何疑问都可以到论坛中相应的板块中进行讨论：http://www.yuanxingku.com。

勘误表

虽然笔者十分用心以确保内容的准确性，但是错误依然难以避免。如果您发现书中出现了错误，非常希望您能反馈给我，请将错误详情发送至yuanxingku@gmail.com，这样不仅能够帮助其他读者解除困惑，也可以帮助我们在下一版本中进行改善。

关于汉化

Axure RP 官方并没有发布中文版，不熟悉或不习惯使用英文原版 Axure 的读者可以到如下网址下载汉化包，或者百度搜索"Axure7 汉化包金乌纠正版"。本教材也是使用中文汉化版 Axure 进行讲解的。

汉化包和软件下载地址：

链接：http://pan.baidu.com/s/1dEulNOl 密码：nenk

在此特别感谢汉化原作者 best919，他的辛勤劳动与无私奉献为 Axure 在中国的普及扫清了语言障碍。

目录

第1章

Axure 基础交互

Axure RP7 相较之前的版本做出了很大的改变，无论你是刚刚接触 Axure RP7 的新人，还是曾经使用过 Axure 的其他版本，在深入学习之前都有必要花一些时间来发现它的新特性并熟悉它的功能。Axure 是一款功能强大的工具，但能否用好它取决于你的学习态度和自学的毅力。

本章将帮助你熟悉 Axure 的软件界面，并为掌握其丰富功能打下坚实的基础。AxureRP7 可适用于 PC 的 Windows 系统和 Mac 的 OS X 系统，为了方便教学，我在书中的截图统一采用 Mac 版本进行讲解。本章内容包含以下知识点。

1.1　欢迎界面

初次安装 Axure RP7 并启动之后，你首先会看到一个欢迎窗口，见图 1。在弹出的欢迎窗口中，你可以选择以下操作。

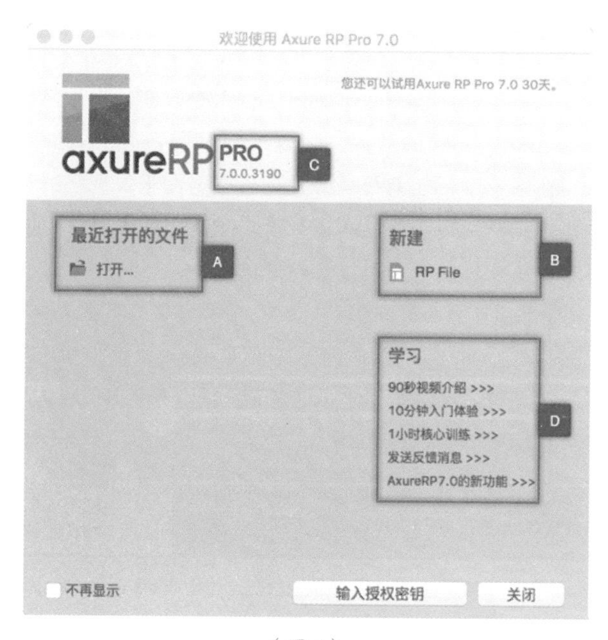

（图 1）

A：显示最近打开的项目，或者打开一个新的项目。

B：新建一个项目（.rp 后缀的文件，稍后给大家讲解 Axure 中不同后缀的文件）。

C：查看当前 Axure 的版本号。Axure RP7 版本发布后更新频率较高，每次都会修复一些曾经的 Bug，所以希望大家保持更新到最新版本。要检查是否发布了最新版本，单击菜单栏中的“帮助 > 检查更新”。

1.1.1　Axure 的文件格式

Axure 包含以下 3 种不同的文件格式。

.rp 文件：这是设计时使用 Axure 进行原型设计所创建的单独的文件，也是我们创建新项目时的默认格式（图 2-A）。

.rplib 文件：这是自定义部件库文件。我们使用网上下载 Axure 部件库，也可以自己制作自定义部件库并将其分享给其他成员使用（图 2-B）。

.rpprj 文件：这是团队协作的项目文件，通常用于团队中多人协作处理同一个较为复杂的项目。不过，在你自己制作复杂的项目时也可以选择使用团队项目，因为团队项目允许你随时查看并恢复到任意的历史版本（图 2-C）。

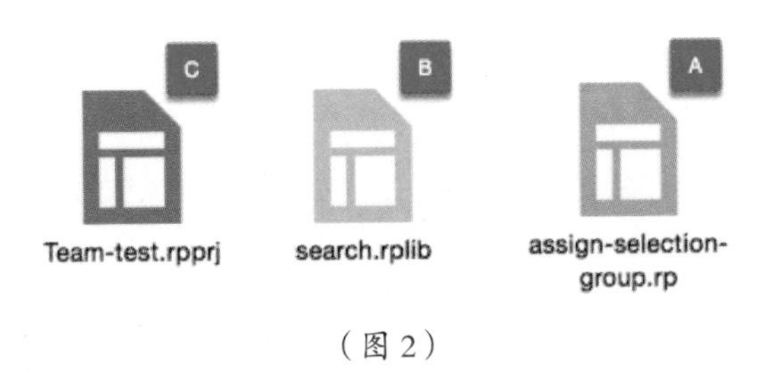

（图 2）

1.1.2 团队项目

团队项目可以全新创建，也可以从一个已经存在的 RP 文件创建。

在创建团队项目之前，你最好有一个 SVN 服务器或者网络驱动器，见图 3。

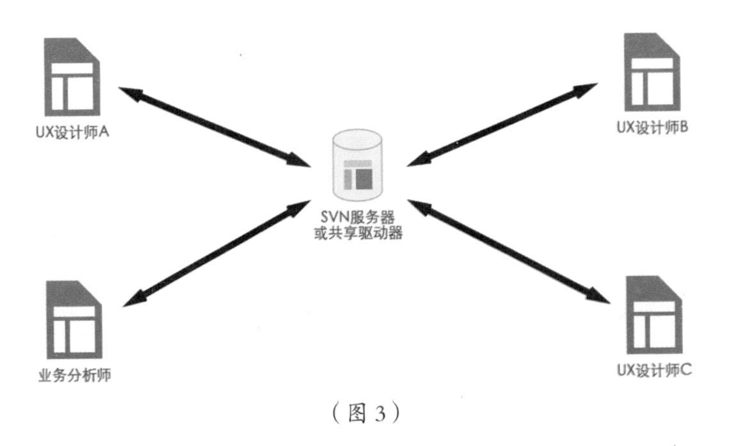

（图 3）

1.1.3　工作环境

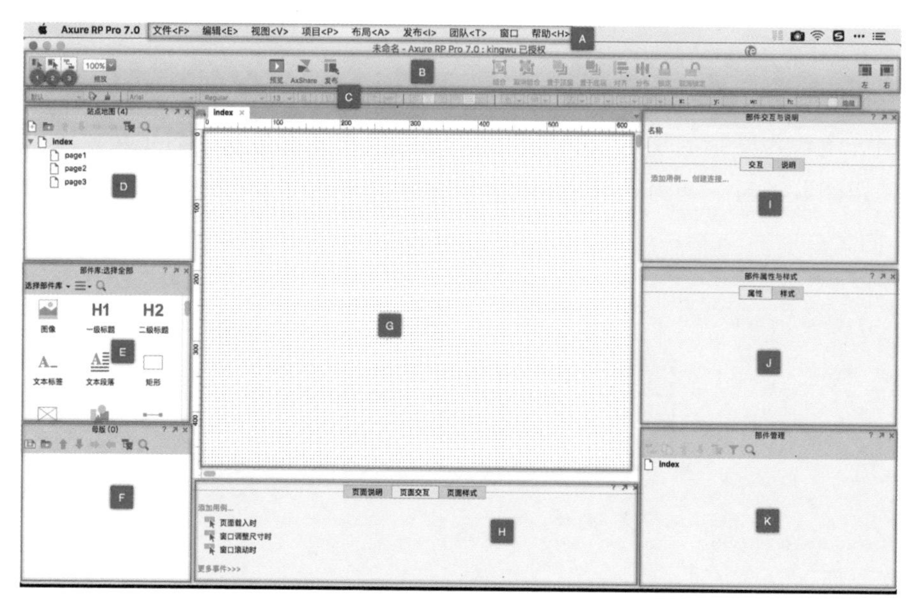

（图 4）

A：菜单栏

B：工具栏

　　1：随选模式

　　2：包含模式

　　3：连接线模式

C：格式栏

D：站点地图面板

E：部件库面板

F：母版面板

G：设计区域

H：页面属性面板（其中包括 页面说明、页面交互、页面样式 三个选项卡）

I：页面交互与说明面板

J：部件属性与样式面板

K：部件管理面板

1.1.4 自定义工作区

在 Axure RP7 中，用户可以根据自己的使用习惯对工作区域进行设置。如显示或隐藏某个面板：单击菜单栏中的【视图 > 面板】选项，在这里可以勾选或取消勾选，设置对应面板的显示与隐藏，见图 5。

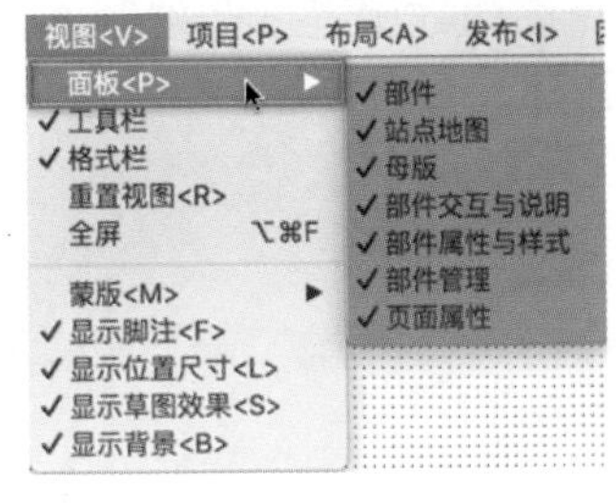

（图 5）

弹出面板：某些情况下，用户希望根据自己的习惯将不同的面板放在不同的位置（或者使用双显示器进行工作时，可以将面板放置于次要显示器中显示），只需点击该面板右上角的“弹出”按钮即可，见图 6。

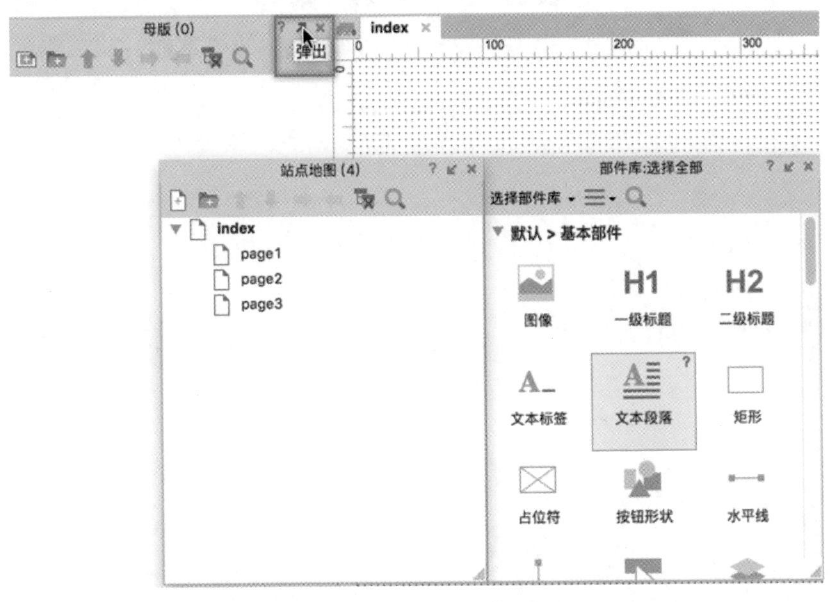

（图 6）

但是，你无法改变这些面板的默认位置，如站点地图面板默认在左上角，你无法让它默认停靠在其他位置。

1.2　站点地图

站点地图用来增加、删除和组织管理原型中的页面。在 Axure RP7 中添加页面的数量是没有限制的，但是如果你的页面非常多，强烈建议使用文件夹进行管理和维护，见图 7、图 8。

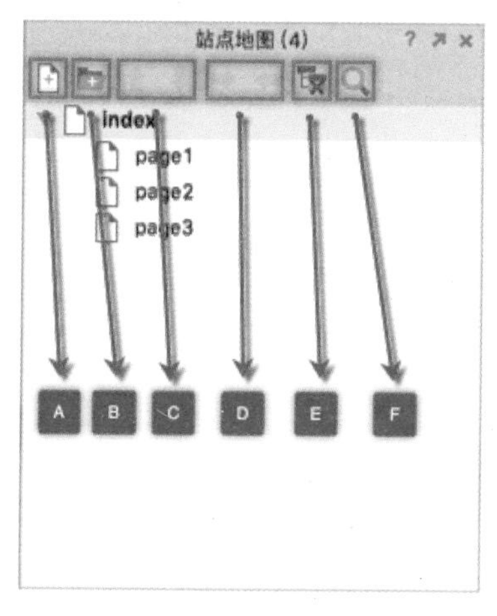

（图 7）

A：创建新页面
B：创建新文件夹
C：使用上下箭头管理页面顺序
D：使用左右箭头管理页面的层级关系
E：删除页面
F：搜索页面

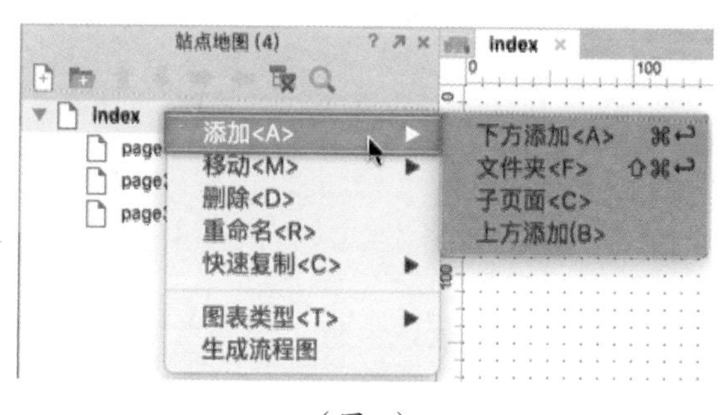

（图 8）

1.3 部件概述

通过部件面板，你可以使用 Axure 内建的部件库，也可以下载并导入第三方部件库，或者管理你自定义的部件库。在默认显示的线框图部件库中包含基本部件、表单部件、菜单和表格以及标记部件四个类别，关于流程图部件库稍后给大家介绍，见图 9。

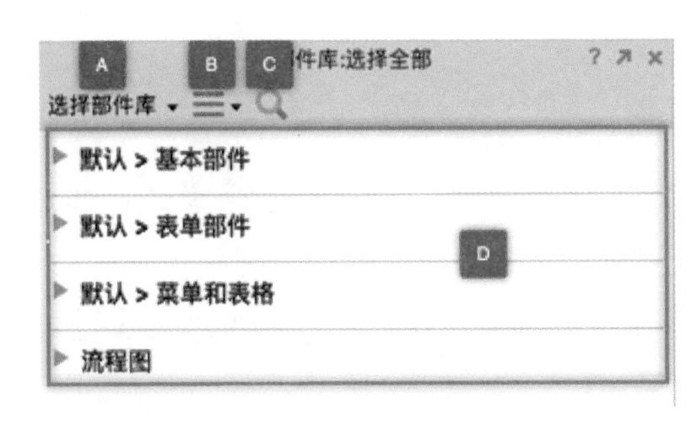

（图 9）

A：部件库下拉列表，点击选择想要使用的部件库（如流程图部件库或互联网中下载的 Axure 部件库）。

B：部件库选项按钮，可以载入已经下载的部件库，创建或编辑自定义部件库以及卸载部件库。

C：搜索部件库。

D：部件库列表。

1.3.1 部件详解

在《Axure RP7 网站和 APP 原型设计从入门到精通》出版发行后，很多读者反馈说这一部分内容过于枯燥，看上去很像说明书。

针对这一点，笔者在此需要再次强调，该部分知识是驾驭 Axure 这款工具的基础，不建立扎实的基础就无法熟练使用 Axure。事实上，这部分就是对 Axure 中内建部件的详细说明，因为这些部件分别有着不同的属性、特性和局限性，我们所创建的每一个原型都是使用这些部件组合在一起建立的。

所以，笔者希望各位读者能够仔细阅读本章节内容，在本版书所附带的光盘中包含大量的案例详解，所以书中内容力求简洁明了，便于读者随时翻阅所需的知识点。

1. 图像

图像部件可以用来添加图像，显示你的设计理念、产品、照片等信息。以下是图像部件的使用方法。

- 导入图像和自动大小：在部件库列表中拖放一个图像部件到设计区域并双击导入图像。Axure 支持常见的图像格式，如 GIF、JPG、PNG 和 BMP。当导入图像尺寸过大时，软件会提示你是否自动调整图像大小，点击【Yes】将图像设置为原始大小，点击【No】图像将设置为当前部件的大小，见图 10。

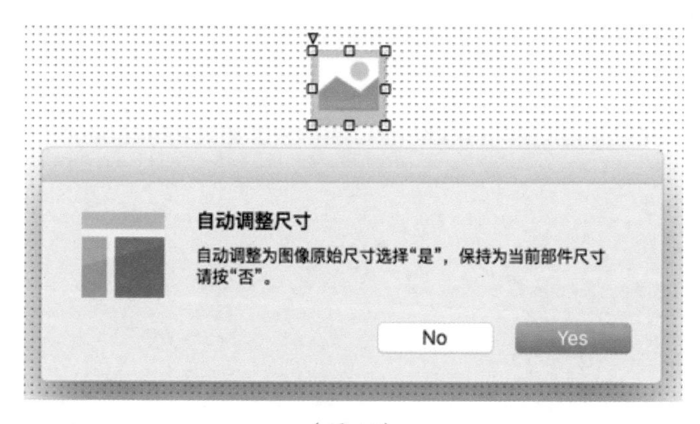

（图 10）

- 粘贴图像：图像还可以从常用的图形设计工具（如 Photoshop/Illustrator/Sketch 等）和演示工具中复制粘贴到 Axure 中。此外当我们从 CSV 或 Excel 复制内容时，可点击右键，选择【粘贴为图像 / 表格 / 纯文本】；或者直接按 Ctrl+V/Command+V，在弹出的对话框中选择，见图 11。

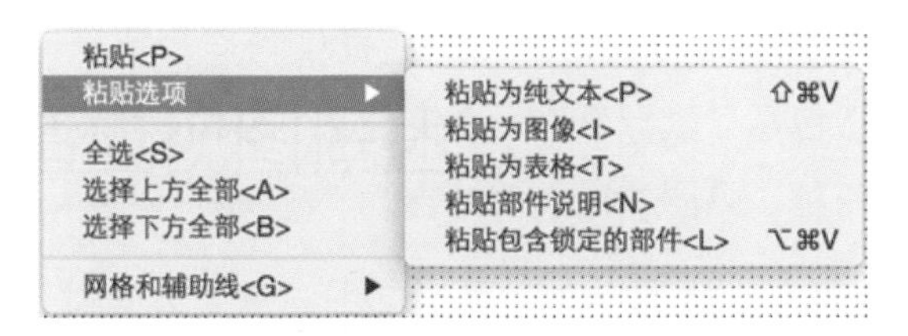

（图 11）

■ 添加 & 编辑图像文字：你可以给导入的图像添加编辑文字，双击导入图像后，右键点击图像然后选择【编辑文本】；还可以给添加的文字编辑样式，如颜色、大小、字体等，见图 12。

（图 12）

■ 保持宽高比例缩放图像：按住 Shift 键，同时用鼠标拖动图像部件边角的小手柄，可以按比例缩放图像，见图 13。

■ 图像交互样式：图像可以添加交互样式，如【鼠标悬停】、【鼠标按下】、【选中】和【禁用】。右键点击图像，并选择【交互样式】或者在【部件属性】面板（即在【部件属性与样式】窗口下点击【属性】而呈现的面板；【部件样式】为点击【样式】时呈现的面板，后文依此表述）中进行设置。当设置交互样式时，在对话框中勾选预览，可以预览交互效果。交互样式包括：鼠标悬停、左键按下（也就是移动端手指点击时）、选中、禁用四种，见图 14。

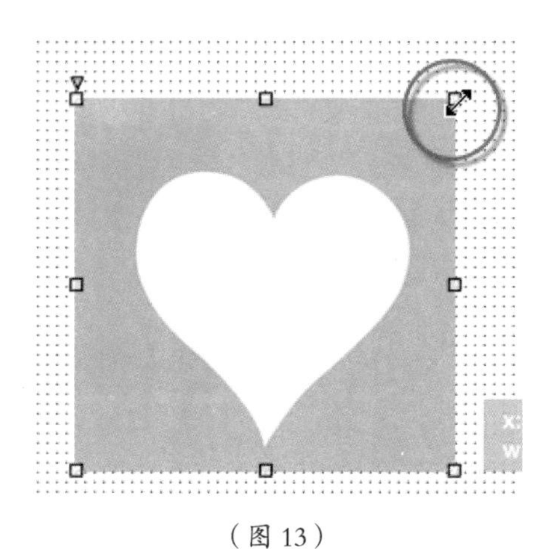

（图 13）

设置交互样式
鼠标悬停　左键按下　选中　禁用
部件样式　默认
图像　导入　清空
字体　Arial
字型　Regular
字体大小　13
粗体　B (点击切换为粗体)
斜体　I (点击切换为斜体)
下划线　U (点击切换为下划线)
预览
取消　确定

（图 14）

- 分割 / 裁剪图像：图像部件可以被水平或垂直分割，这样可以非常方便地处理导入的截图。右键点击图像，在弹出的菜单中选择【分割图像】或【裁剪图像】或在【部件属性】面板中选择，见图 15。“分割图像”是将图像分割成多个水平或垂直的部分。“裁剪图像”是设置你想保留的图像区域。

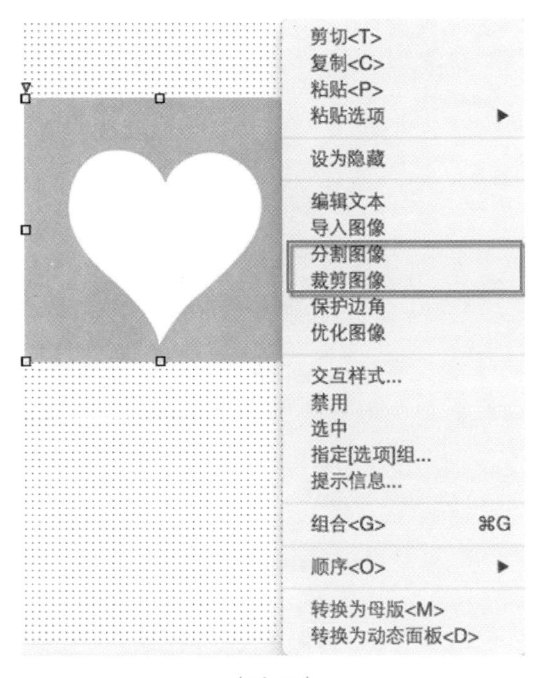

（图 15）

- 图像边框和圆角：通过选择工具栏中的线宽和线条颜色就可以给图像添加边框。也可以通过拖动部件左上角的圆角半径控制手柄，或是进入【部件样式】面板设置图像圆角，见图 16（A：自左至右分别是图像线条颜色、线条宽度、线条样式；B：圆角半径控制手柄）。
- 图像的不透明度：导入的图像可以调整不透明度，在【部件样式】面板中输入不透明度百分比即可，见图 17。

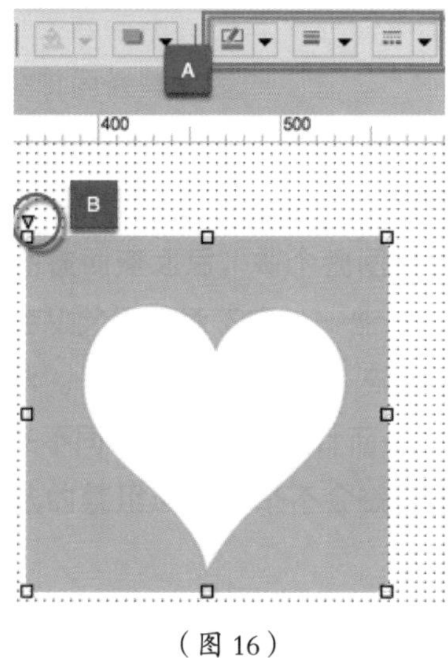

（图 16）

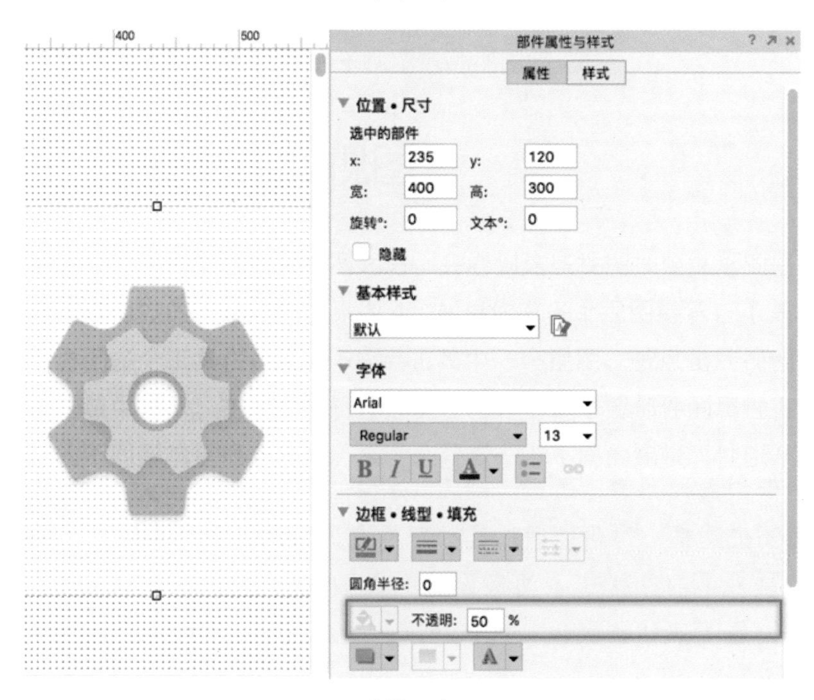

（图 17）

■ 优化图像：大图像会使 RP 文件增大，还会影响浏览速度，使用优化图像可以在不改变图像大小的前提下减小图像大小，但是这有可能影响图像质量。要优化图像，右键点击图像并在弹出的菜单上选择【优化图像】，见图 18。

（图 18）

> 小提示：导入 GIF 动画图像时不要使用【优化图像】，这样会导致图像失去动态效果。

- 保护边角：该功能类似于九宫格切图和 .9png 制作，它可以在调整图像大小时保护边角不变，见图 19。
- 指定选项组：和单选按钮组相似，图像也可以被指定选择组，当选择组中的图像设置了选中时的交互样式后，点选其中一张图像，其他图像都会被设置为默认样式（未选中状态）。要将图像设置到选项组，先选择多张图像，然后点击右键，在弹出的菜单上选择【指定选项组】，或者在【部件属性】面板底部设置选项组名称，见图 20。

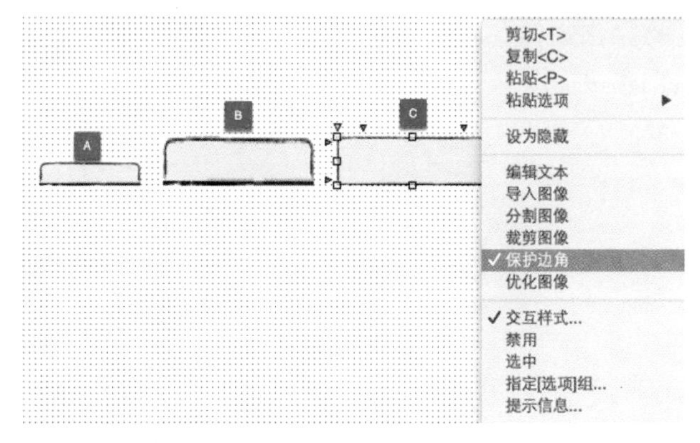

（图 19）

A：拉伸之前的图像。

B：未使用保护边角拉伸后的图像。

C：使用保护边角拉伸后的图像。

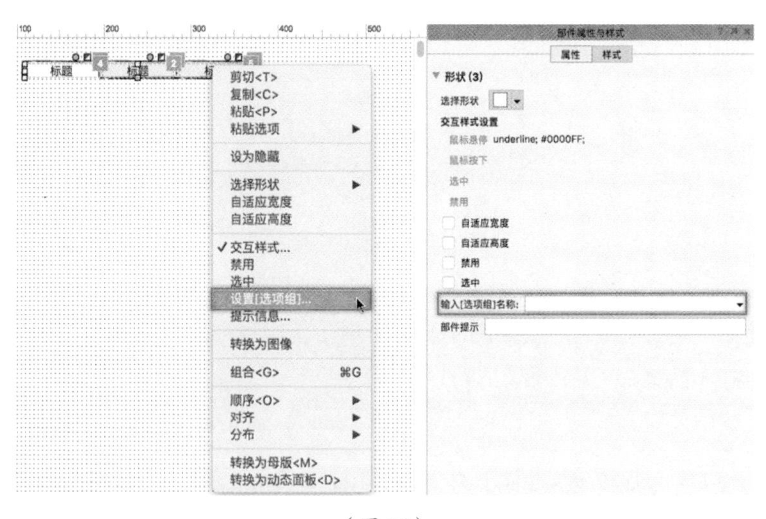

（图 20）

2. 矩形、占位符、按钮、H1、H2、H3、标题、标签、文本段落

这几个部件都属于形状部件，默认的标签和文本的样式可以在部件样式编辑器中进行编辑。

■ 添加文本：选中形状部件后点击右键，在弹出的关联菜单中选择【编辑文本】，即可添加文本，也可以双击形状部件后进行编辑添加。

- 选择形状：形状部件可以根据 Axure 预置的形状进行选择，包括矩形、三角形、椭圆形、标签、水滴和箭头等。要改变部件形状，先选择该部件，然后单击部件右上角灰色圆圈选择形状，或者在【部件属性】面板中选择形状，见图 21。

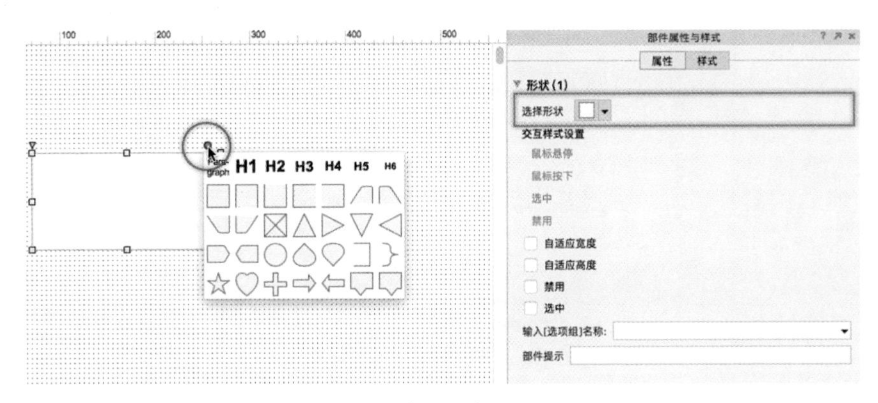

（图 21）

- 形状部件的样式：形状部件可以添加富文本样式，包括编辑字体、字体大小、字体颜色、粗体、斜体、下划线和改变对齐方式等，还可以改变填充颜色、线条颜色、线宽和线条样式。要更改形状的样式，首先选中该形状，然后在顶部的格式栏中进行设置，见图 22。

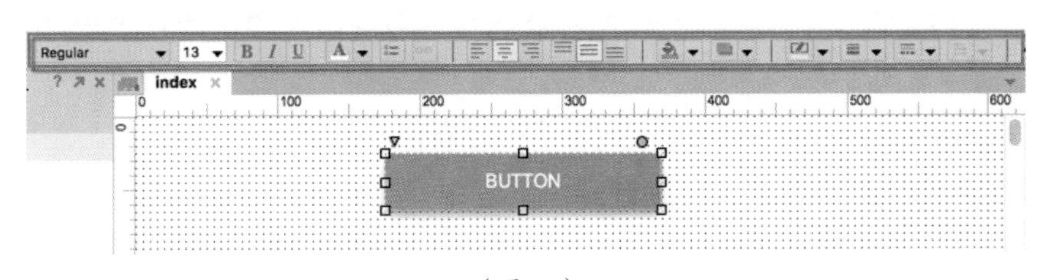

（图 22）

- 自定义部件样式：使用【部件样式编辑器】可以集中管理部件样式，包括字体、颜色、边框、阴影等，也可以根据自己的需求自定义新的部件样式。例如，创建一个名为【Call TO Action】的部件样式，并设置好该部件默认的样式，然后将该样式指定给多个形状部件。当想要对该样式进行调整时，无需对每个部件单独调整，只需在【部件样式编辑器】中进行修改，应用提交后，所有使用该样式的形状部件都会更新到最新样式，见图 23。

（图 23）

在图 23 中，点击 A 和 B 都可以打开 C【部件样式编辑器】

- 设置选项组：与图像部件的【指定选项组】功能一样，并且在随书视频教程的多个案例中都会详细讲解该功能的使用办法，书中此处不再赘述。
- 圆角半径：使用形状部件可以添加圆角半径。要添加圆角半径效果，选中形状按钮部件，拖动部件左上角的黄色小三角调整圆角半径，或者到【部件样式】面板中设置圆角半径，见图 24。
- 转换形状 / 文本部件为图像：若要将形状部件转换为图像且保留形状形状部件上已经添加的注释和交互，可以使用【转换为图像】功能。右键点击想要转换的形状按钮，选择【转换为图像】，见图 25。该功能的使用场景是，在我们使用 Axure 制作原型时，大多都是以制作低保真原型开始的。初始时，我们将交互事件添加到矩形、标签等部件上，但随着思路的逐渐清晰和项目的推进，我们可能需要将低保真部件替换为高保真 UI 素材，为了避免重写低保真部件上已经制作好的交互事件，将低保真部件转换为图像，然后双击替换为高保真图像就可以轻松实现这个需求。

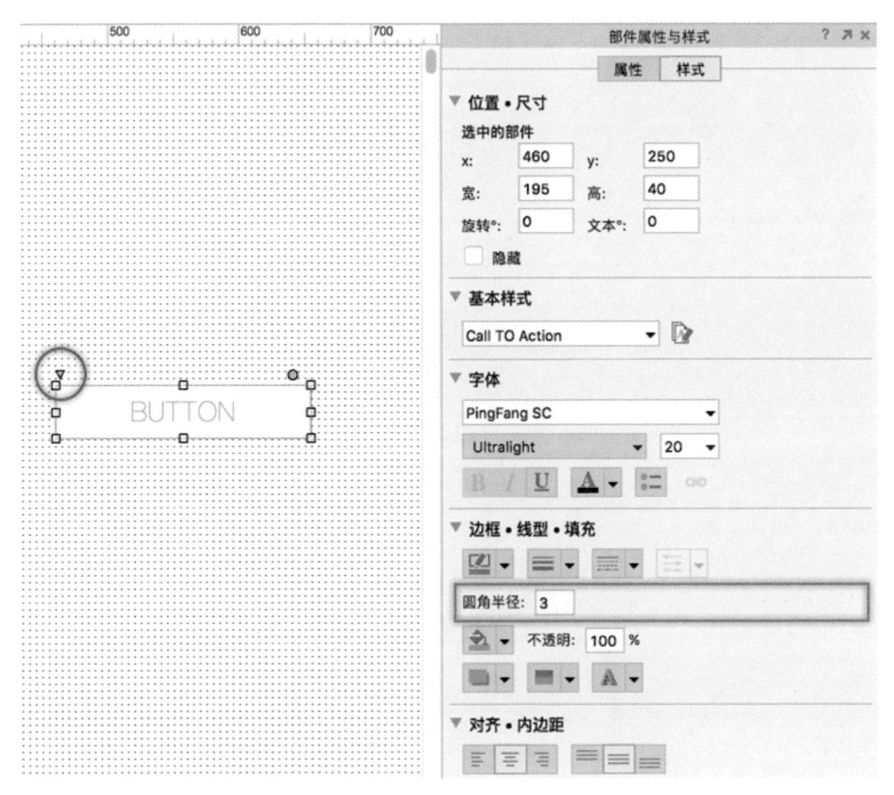

（图 24）

- 自适应部件内容的宽和高：形状部件拥有自适应宽高属性，这是为了自适应其文字内容的宽高，取代手动指定尺寸和文字换行。设置自适应宽高的快捷操作是，双击大小调整手柄。双击左右手柄会自动调整宽度，双击上下手柄自动调整高度适应其内容高度，双击左上、右上、左下、右下四个角会自动调整宽度和高度适应其文字内容，见图 26。

（图 25）

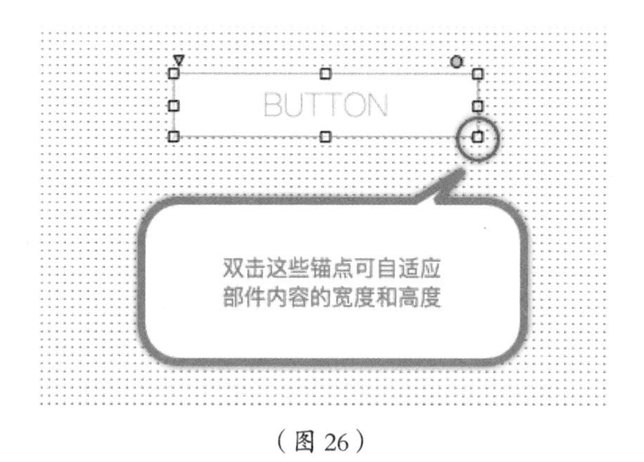

（图 26）

- 阴影：通过添加外部阴影、内部阴影和文字阴影可以增加原型的保真度。要添加阴影，可以在顶部的格式栏和【部件样式】面板中进行设置，见图 27-A。
- 不透明度：要设置形状部件的不透明度，在【部件样式】面板中设置不透明度的值，如 50%（数值越小透明度越高），见图 27-B。

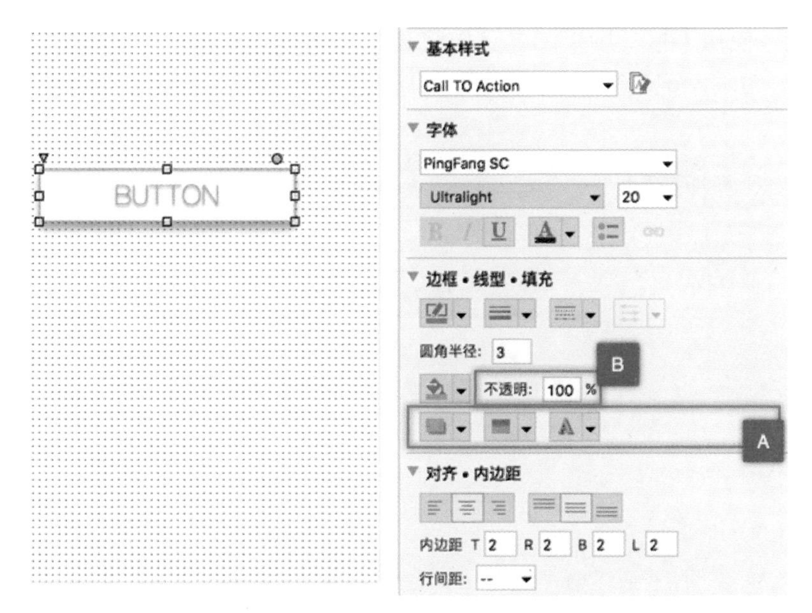

（图 27）

■ 边框：在 Axure RP7 中可以对形状部件边框样式进行设置，选中部件后，在右侧的【部件样式】面板中的【边框 · 线形 · 填充】项目中进行设置，见图 28。

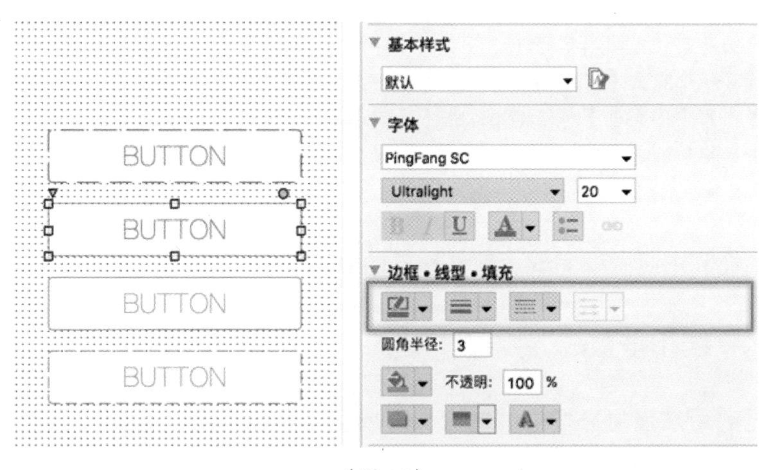

（图 28）

■ 格式刷：当我们复制形状部件的时候，形状部件的样式也会被一起复制。使用【格式刷】工具可以将某个部件的样式复制到其他指定部件上，见图 29。

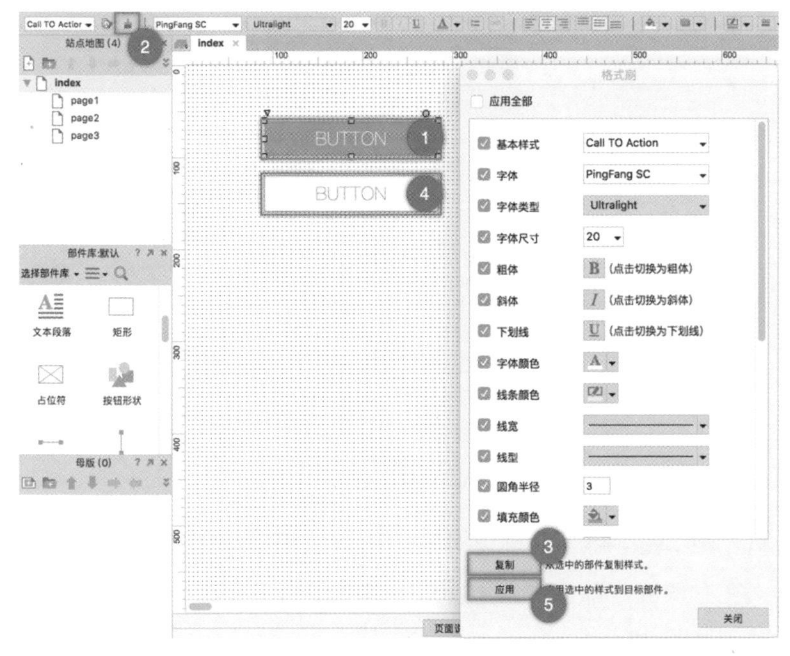

（图 29）

1：选中要复制样式的形状部件。
2：在工具栏中点击【格式刷】。
3：在弹出的【格式刷】对话框中点击【复制】按钮。
4：选中目标形状部件。
5：点击【格式刷】对话框中的【粘贴】按钮

通过上面几个步骤就完成了部件样式的复制。

3. 水平线和垂直线

最常见的用法是将原型中的内容分解成几个不同区域，比如，将页面分为 header、body、footer 等。

■ 给线条添加箭头：线条可以通过格式栏中的箭头样式转换为箭头。选中线条，在格式栏中点击箭头样式，在下拉列表中选择你想要的箭头样式。此外还可以为线条添加颜色、线条宽度，在格式栏和【部件样式】面板中均可设置，见图 30。

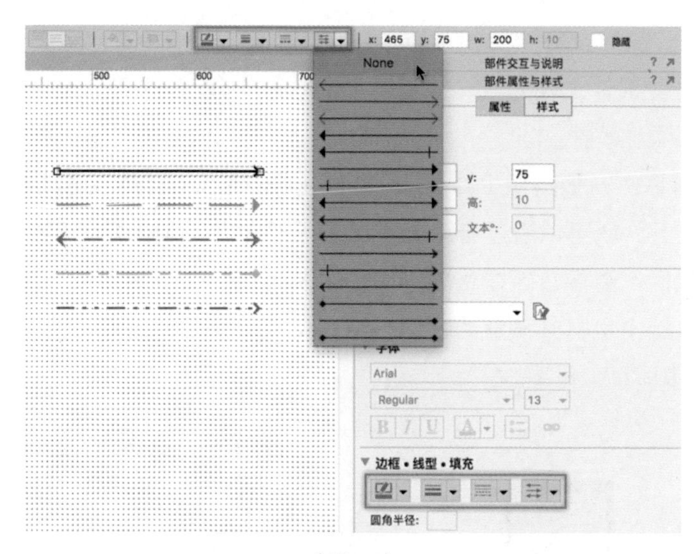

（图 30）

■ 旋转箭头：要旋转线条或箭头，按住 Ctrl/Command（对应 Windows 系统或 OSX 系统，下同），同时将光标悬停在线条末尾拖拽，或者在部件样式面板中设置旋转角度，见图 31。

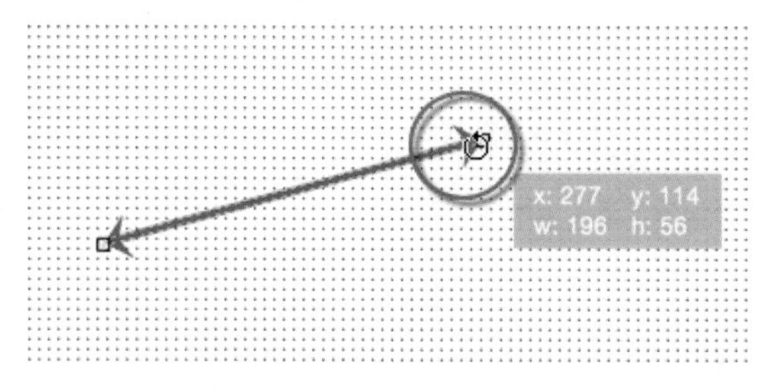

（图 31）

4. 热区

热区是一个不可见的（透明的）层，这个层允许你放在任何区域上并在热区部件上添加交互。热区部件通常用于自定义按钮或者给某张图像的某个位置添加交互。

- 热区可以用来创建自定义按钮上的点击区域。比如使用多个部件（图像部件、文字部件、形状按钮部件）来创建一个保真度较高的按钮，只需在这些部件上面添加一个热区并添加一次事件即可，无需在每个部件上都添加事件。
- 如果你想在一张图像上添加多个交互，或者在一张图像的某部分区域添加交互，就可以通过给图像添加热区部件来实现，见图 32。
- 编辑热区：图像热区在生成的原型中是透明的（不可见的），如果想在设计区域中也将其设置为透明，点击【菜单 > 视图 > 蒙版】，取消勾选【热区】即可，见图 33。

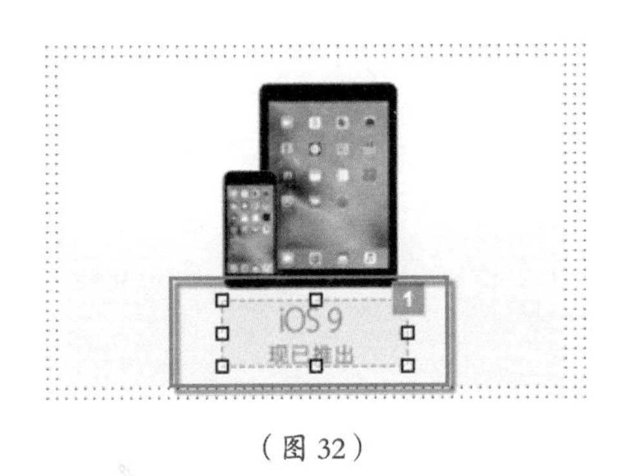

（图 32）

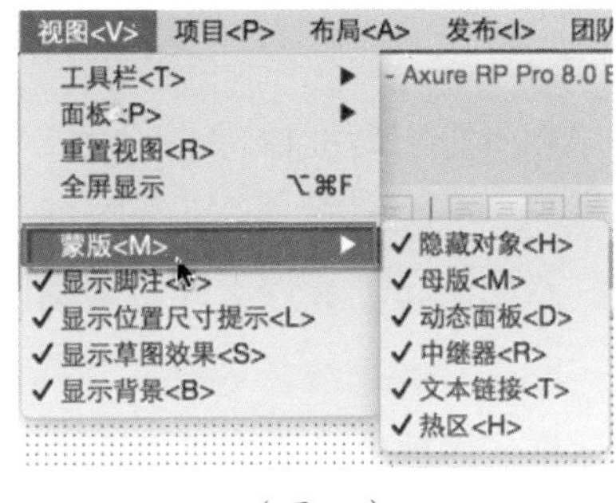

（图 33）

小提示：热区部件不可以编辑形状，也不可以编辑文字。

5. 动态面板

动态面板是一个可以在动态面板中不同的层（或称其为不同的状态）中装载其他部件的容器。这里可以将动态面板想象成相册，相册的每个夹层中又可以装进其他照片（其他部件），每个夹层和里面的部件又可以隐藏、显示和移动，并且可以动态设置当前夹层的可见状态。这些特性允许你在原型中演示自定义提示、轮播广告、灯箱效果、标签控制和拖放、滑动等效果。在实际工作中你会发现，动态面板是在原型设计中使用得最多的部件。

■ 动态面板状态：动态面板可以包含一个或多个状态，并且每个状态中可以包含多个其他部件。不过，一个动态面板状态在同一时间只能显示一次（也就是说，无论动态面板有多少个不同状态，它一次只能显示其综合那个一个状态）。使用交互可以隐藏/显示动态面板及设置当前动态面板状态的可见性。添加和调整动态面板大小最好的方法，就是将已有的部件转换为动态面板。首选选择想要放入动态面板状态的部件，右键单击，选择【转换为动态面板】，见图 34，这个动作将自动创建一个新的动态面板，并将你选择的部件放入动态面板的第一个状态中。你也可以在【部件面板】中拖放动态面板部件到设计区域中，并使用部件上下左右的提示手柄来调整大小，见图 35。

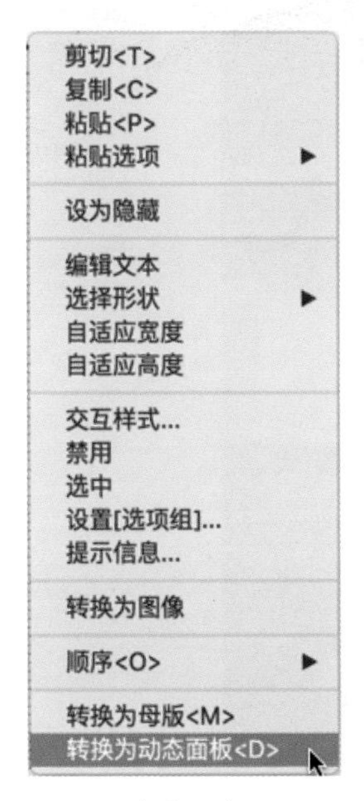

（图 34）

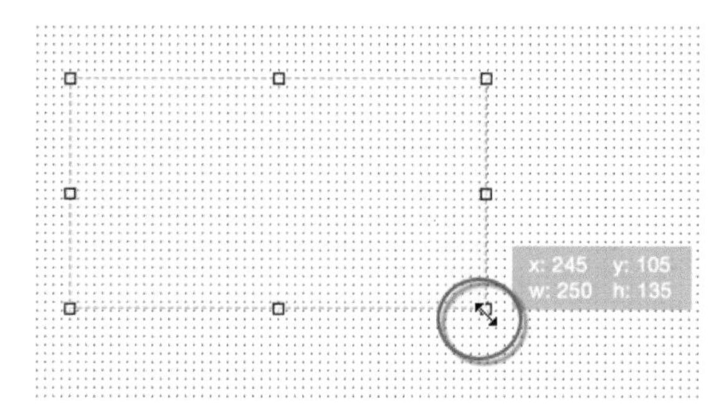

（图 35）

■ 需要注意的是，动态面板【部件属性】面板中的【自适应内容尺寸】选项，见图 36，勾选该项后，动态面板大小将会自适应不同状态中内容的尺寸；如果取消勾选该项，该动态面板尺寸是固定大小，其不同状态中的内容尺寸如果大于该动态面板尺寸大小，超出的部分将不会显示，见图 37。

（图 36）

（图 37）

■ 编辑动态面板状态：编辑动态面板时，可以看到到一个蓝色虚线轮廓，这表示在动态面板中只能看到蓝色虚线轮廓范围内的内容（如果你的 Axure 并没有显示这条蓝色虚线框，请在【部件属性】面板中取消勾选【自适应内容尺寸】）。编辑动态面板状态中部件的操作，与平时拖放部件是一样的，见图 38。

6. 动态面板交互

在设计区域中拖入一个动态面板部件后，就可以像平时那样在事件列表中选择需要的事件，并添加用例来给动态面板添加交互效果。动态面板可用的动作包括【设置面板状态】和【设置面板尺寸】，在稍后的章节后会给大家详细讲解动态面板事件。

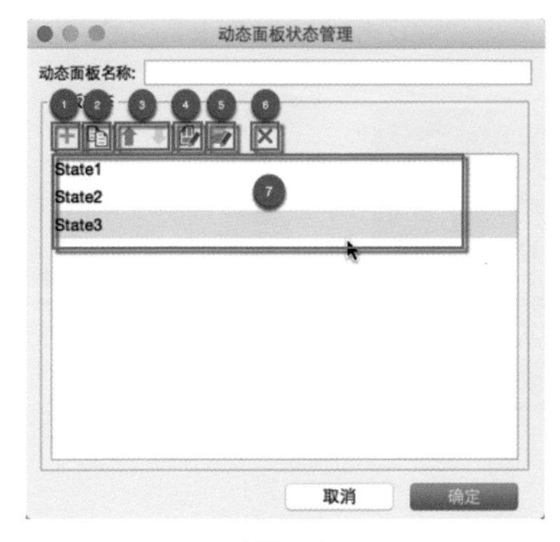

（图 38）

1：添加一个新的动态面板。
2：复制并新增一个已有的动态面板（其中的内容也会一起复制）。
3：使用上下蓝色箭头调整动态面板状态的排序。
4：编辑选中的动态面板状态。
5：编辑所有动态面板状态。
6：移出选中的动态面板状态。
7：动态面板状态列表。

- 设置动态面板状态：创建一个多状态的动态面板，并使用【设置面板状态】动作设置动态面板到指定状态，在【在用例编辑器】中选择动作并在页面列表中选择状态。在这个动作中，可以同时设置多个动态面板的状态选择。这个动作可以用于切换标签状态、更改按钮上的内容或者下拉列表中的选择，见图 39。
- 设置动态面板属性
- 进入动画 /【退出动画】：替换动态面板状态时的过渡效果（例如淡入淡出、向上滑动等），见图 39-A。
    - 如果隐藏则显示面板：如果指定的动态面板是隐藏的，勾选这个选项，在切换动态面板状态设置的同时会显示动态面板，见图 39-B。
    - 推动 / 拉动部件：勾选此项，会使动态面板下面或右侧的部件自动移动，用于展开和折叠内容，见图 39-C。

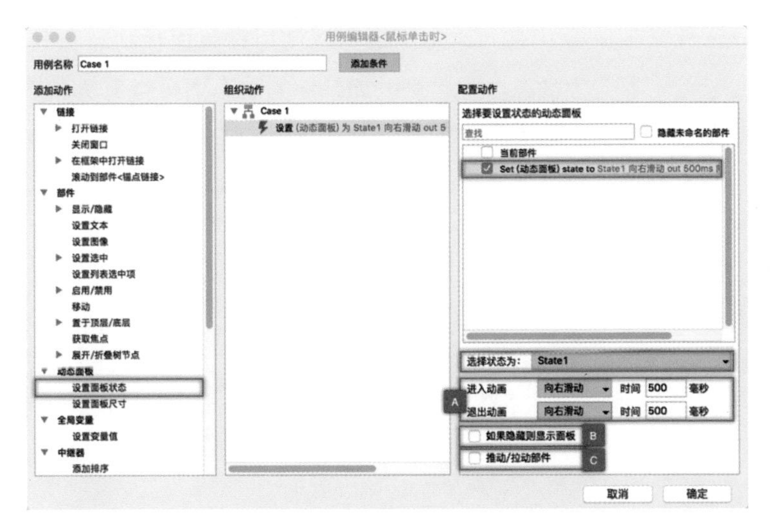

（图 39）

- 显示或隐藏一组动态面板：使用【显示 / 隐藏】动作来显示或隐藏动态面板当前状态的内容。在【用例编辑器】对话框中，在左侧的动作列表中选择【显示 / 隐藏】动作，然后在右侧的【配置动作】中选择要隐藏或显示的动态面板。还可以在一个动作中选择多个面板设置隐藏 / 显示。使用【切换】动作可以让面板在显示 / 隐藏之间切换，见图 40。

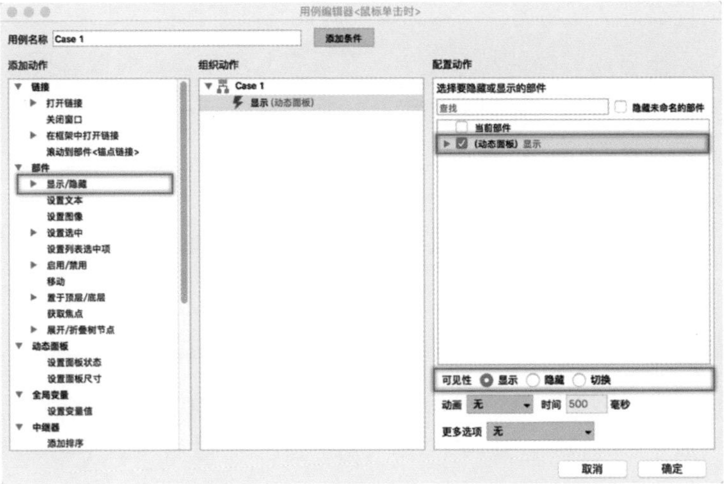

（图 40）

- 上一个 / 下一个状态：动态面板可以使用设置面板状态将其设置为上一个 / 下一个状态。意思是，如果你的动态面板当前状态是 1，这个动作（next）将会设置动态面板为【状态 2】(State2)，这样按顺序切换状态；而【上一个】(previous) 与之顺序相反，见图 41。使用这一特性可以轻松实现轮播广告效果。

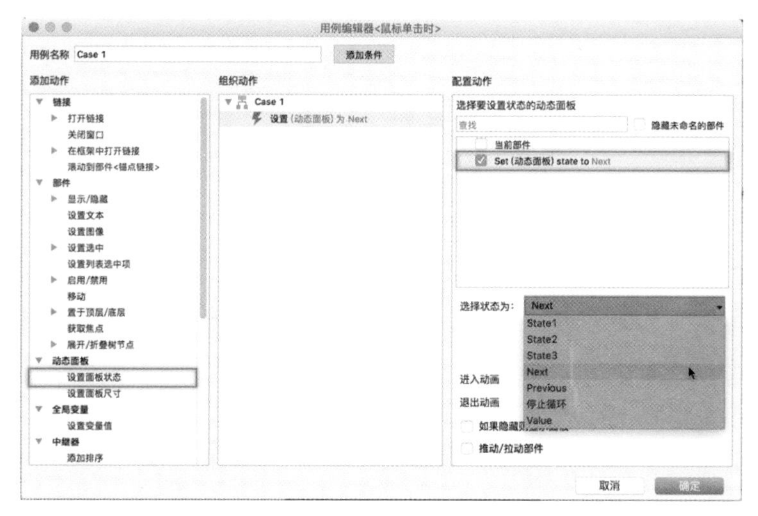

（图 41）

- 向前循环 / 向后循环：勾选此项将允许动态面板状态进入无限循环，如无限自动轮播的幻灯广告，在天猫、京东等上商城首页都可以看到这种广告模式，当动态面板轮播到达最后一个状态时，面板将会重新切换到第一个状态，从而进入无限循环，请参考视频案例进阶篇【13 淘宝网首页幻灯】。
- 循环间隔：这个选项将给上下两个状态切换时添加时间间隔，1 秒 = 1000 毫秒，通常用于自动轮播广告，见图 42。
- 停止循环：当一个动态面板被设置为自动循环时，使用选择状态下拉列表中的【停止循环】选项，可以停止动态面板的自动循环。要继续被停止的循环，使用【上一个】/【下一个】并勾选【向前循环 / 向后循环】选项，可以重新启动被停止的循环，见图 43-A。

（图 42）

- 值（Value）：可以使用【Value】来设置动态面板状态，但是 Value 必须与你想要显示的动态面板状态名称一致才可以正确显示。比如，你要基于上一个页面存储的变量值在新页面中使用【页面加载时】事件来设置动态面板到指定状态。这种情况下，你只需添加一条简单的用例即可，见图 43-B。请参考视频教程基础篇【15 动态面板进阶】。

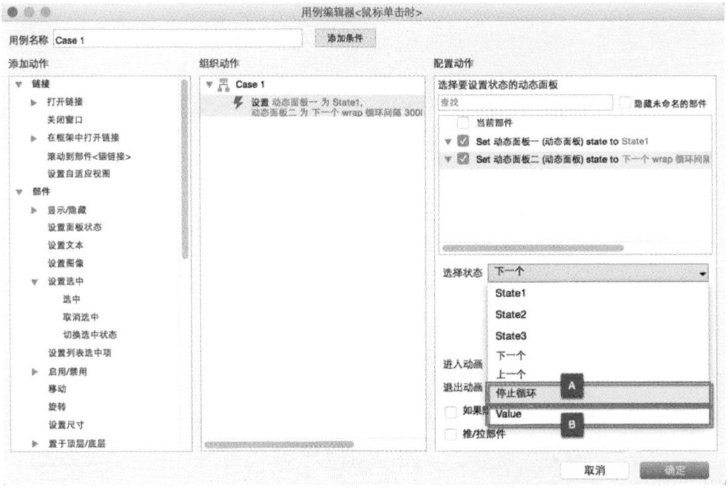

（图 43）

动态面板属性

- 自适应内容尺寸：动态面板可以基于其面板状态中的内容大小自动改变尺寸来适应其中的内容大小。除了上述方法，还是可以双击动态面板四周的小手柄状态，来调整大小以适合内容，见图 44。

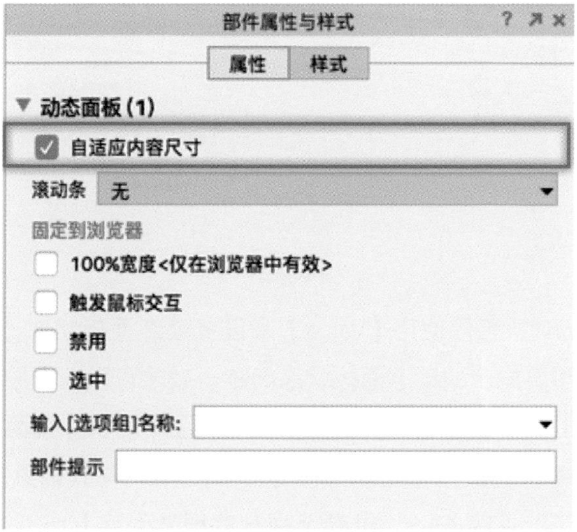

（图 44）

- 添加滚动条：使用滚动条给动态面板添加可滚动内容。选择【滚动条】下拉菜单，并选择滚动条的显示方式；或者右键点击动态面板在弹出的关联菜单中设置。注意，为了让滚动条正常显示，动态面板状态中的内容必须比动态面板的固定尺寸大，并且不可勾选【自适应内容尺寸】，见图 45。
- 固定到浏览器：使用该选项可以创建固定在浏览器某个指定位置的元素，如页头、页脚、侧边栏或广告等。当滚动窗口时，这些元素会停留在固定位置。选择动态面板，在【部件属性】面板中，或者右键点击动态面板，在弹出的关联菜单中点击【固定到浏览器】，然后在弹出的对话框中勾选【固定到浏览器】，然后按需选择【水平固定】或【垂直固定】，如有必要可输入指定边距，见图 46。

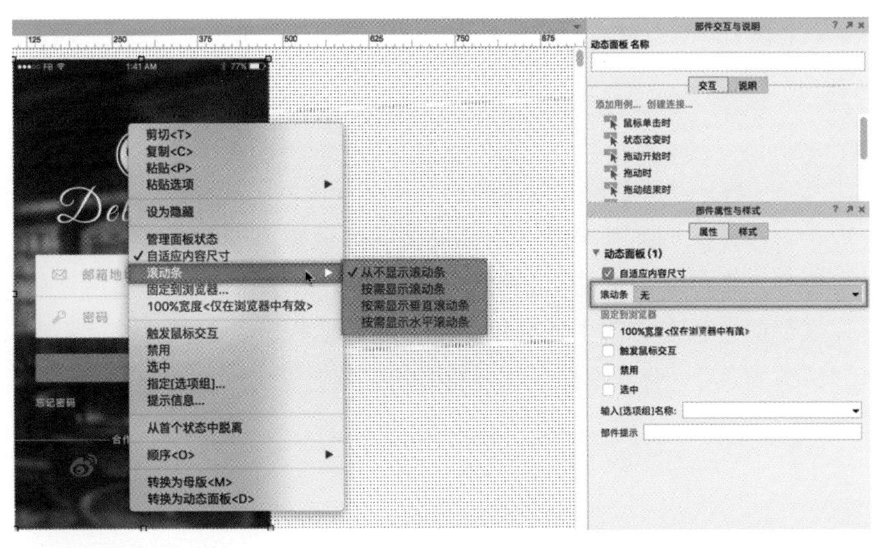

（图 45）

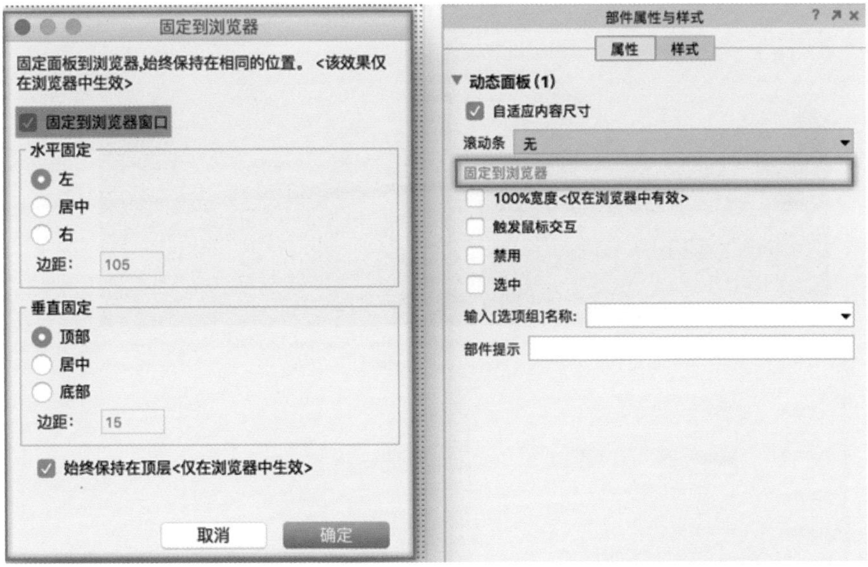

（图 46）

○ 100% 宽度（仅在浏览器中生效）：100% 宽度将会使动态面板尺寸自适应整个浏览器宽度。在动态面板的【部件属性】面板中勾选【100%

宽度】或者右键点击动态面板，在弹出的关联菜单中勾选【100% 宽度】即可。

小提示：需要注意的是，将图像转换为动态面板是无法实现图像自适应浏览器宽度的。如果想让图像自适应浏览器宽度，需要双击该动态面板，在弹出的【动态面板状态管理器】中双击任意状态，然后在底部的【状态样式】面板中，导入动态面板背景图像，并且勾选【100% 宽度】，背景图像在浏览器中会扩展至整个浏览器的宽度，见图 47。

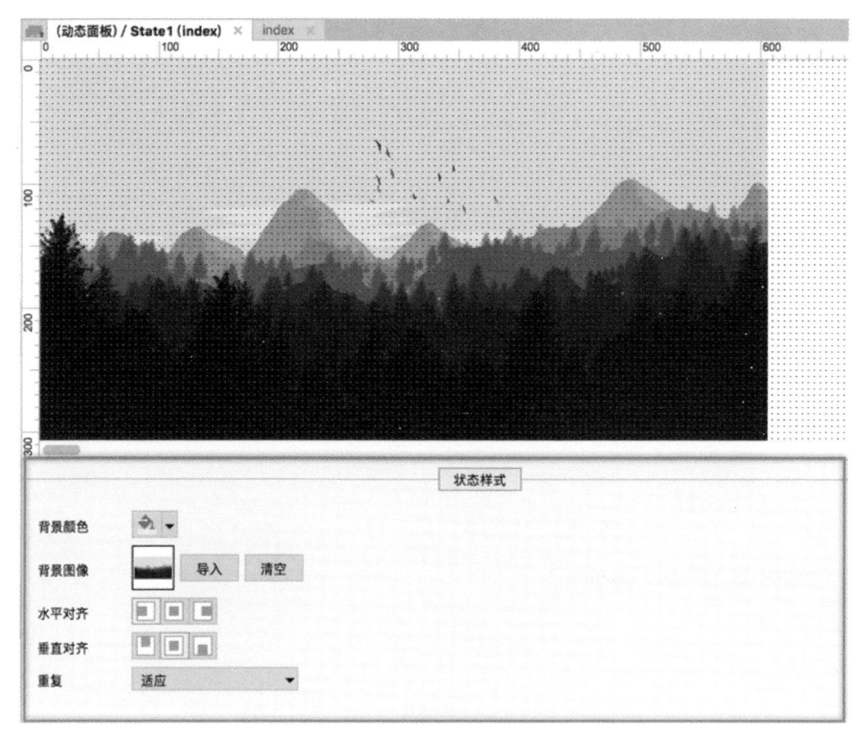

（图 47）

- 触发鼠标交互：如果对动态面板状态中的部件设置了鼠标悬停、鼠标按下等交互样式，勾选此项后，当对动态面板进行交互时就会触发动态面板状态内部部件的交互样式。这句话的意思是。当鼠标指针接触到动态面板范围后，就会触发其内部所包含部件的【鼠标悬停】的交互效果，见图 48。

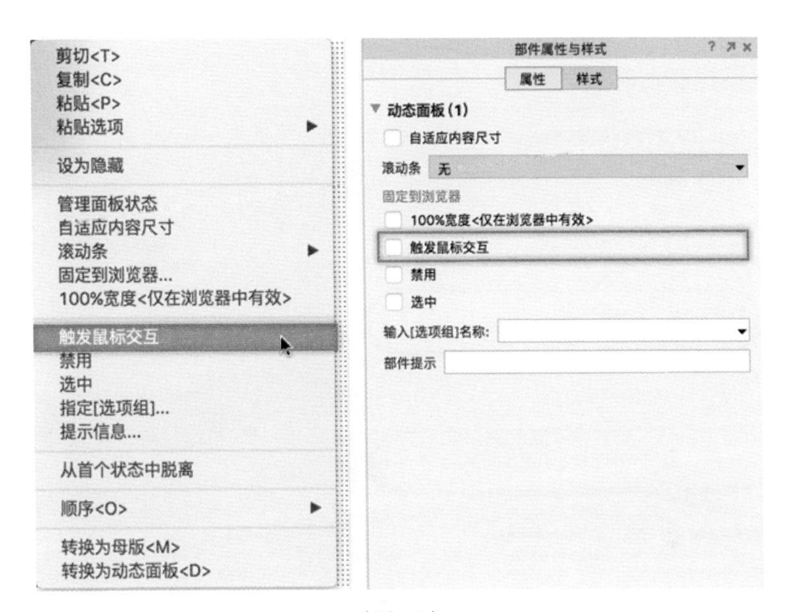

（图 48）

7. 内联框架

使用内联框架，可以嵌入视频、地图和 HTML 文件到原型设计中。外部的 HTML 文件、视频、地图等内容也都可以嵌入到内联框架中。对于视频和地图，选择链接到外部 URL；链接到本地已经存在的 HTML 文件，内联框架要链接到本地文件路径，见图 49。请参考视频教程进阶篇【19 嵌入可拖放的百度地图】。

■ 编辑内联框架

指定目标网址或视频地址：首先在部件库中拖放内联框架部件到设计区域中，并双击内联框架，在弹出的对话框中指定哪些内容要在内联框架中显示。可选择内部页面或者任何站外 URL，见图 49。

■ 隐藏边框：右键点击内联框架，在弹出的关联菜单中勾选【切换边框可见性】，可切换显示内联框架周围的黑色边框，见图 50。

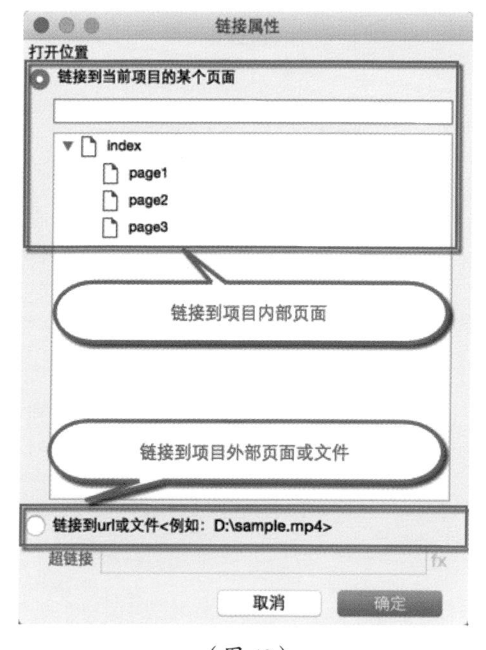

（图 49）

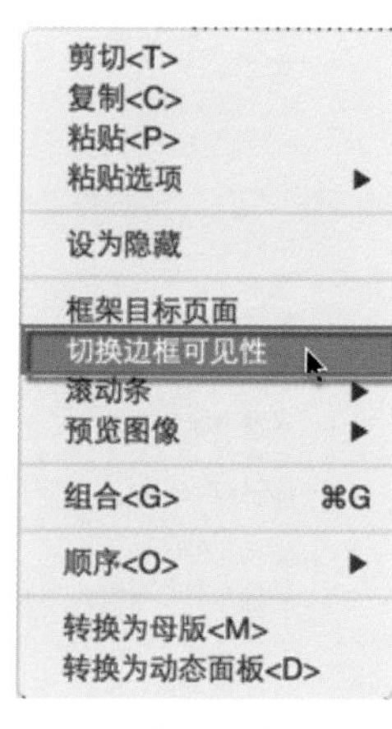

（图 50）

■ 显示滚动条：要隐藏或按需显示内联框架的滚动条，可以右键点击内联框架，选择【滚动条】，或者在【部件属性】面板中设置【滚动条】。滚动条可以按需要显示（当内联框架内容大小超过内联框架大小时才显示），也可以总是显示，见图 51。

（图 51）

■ 内联框架预览图像：可以给内联框架添加 Axure 内置的预览图像，

如视频、地图，也可以自定义预览图像。注意，预览图像仅在设计区域中显示，让我们清楚该部件显示的是什么内容，但不会在生成的原型中显示，见图 52。

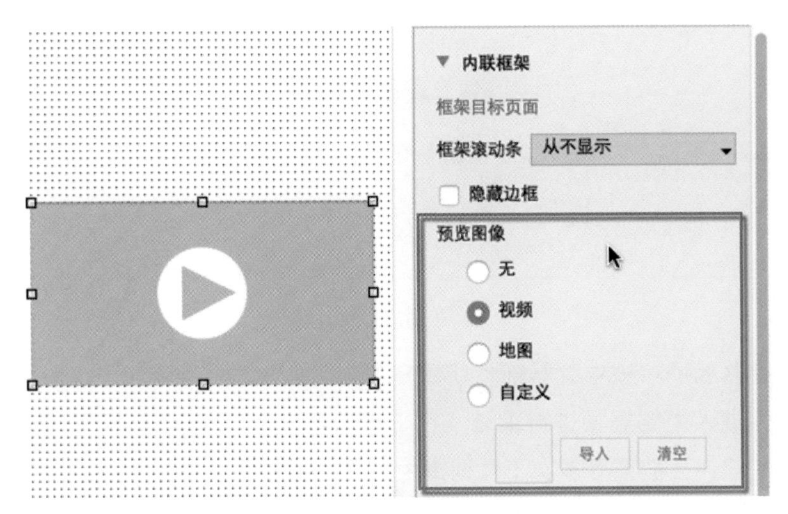

（图 52）

- 内联框架的局限性
  - 样式：内联框架的样式被限定为切换显示边框和滚动栏，如果想添加其他样式，在内联框架下面添加一个矩形部件，然后调整矩形部件的样式即可。
  - 导航和传递变量：内联框架不能用来制作导航，也不能通过父页面传递变量和设置动态面板状态。可以使用含有内容的动态面板来替代内联框架，实现内容滚动效果。

8. 中继器

中继器部件是 Axure RP7 中的一款高级部件，用来显示重复的文本、图像和链接。关于中继器部件的基础应用可参考视频教程基础篇【6 中继器】。通常使用中继器来显示商品列表、联系人信息列表、数据表或其他信息。中继器部件由两部分构成，分别是【中继器数据集】和【中继器的项】。

■ 中继器数据集：中继器部件是由中继器数据集中的数据项填充，这些填充的数据项可以是文本、图像或页面链接。在【部件面板】中拖放一个中继器部件到设计区域，双击中继器部件，进入中继器【数据集】，在设计区域底部的第一项标签可以看到，见图 53。

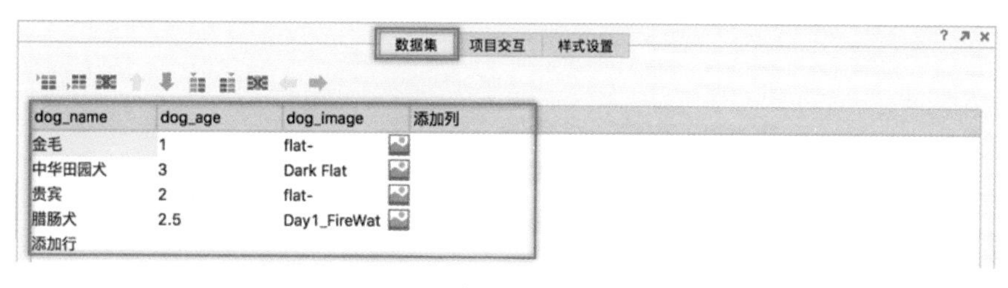

（图 53）

■ 中继器的项：被中继器部件所重复的内容叫做项（项目），双击中继器部件进入中继器项进行编辑，在下图（图 54）显示的数据区域中所展示的部件会被重复多次（数据集中有几行就重复几次）。

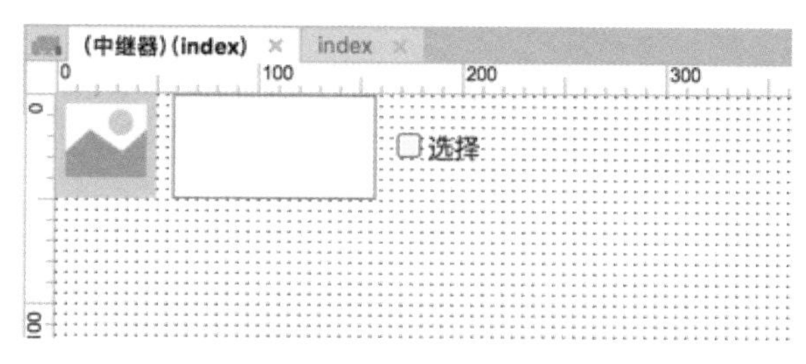

（图 54）

■ 填充数据到设计区域：在设计区域下方的【项目交互】选项卡中，使用【每项加载时】事件填充数据到设计区域，见图 55。

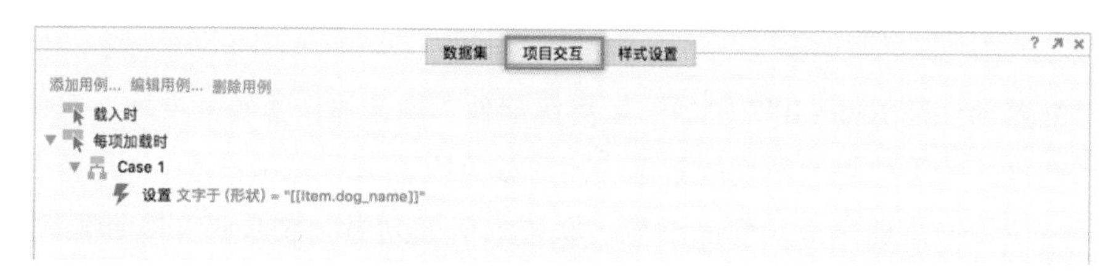

（图 55）

○ 插入文本：双击【每项加载时】事件，在弹出的【用例编辑器】左侧动作列表中选择【设置文本】动作，然后在【用例编辑器】右侧的【配置动作】下方选择想要插入的文本部件，在右下角点击设置文本值 fx，在弹出的【编辑文本】对话框中点击【插入变量或函数…】，在弹出的下拉列表中选择 [[Item.dog_name]]，并点击【确定】按钮。当你的中继器项加载时，就会将【数据集】中这一列（dog_name）的内容插入到你刚刚设置的文本部件中，见图 56。

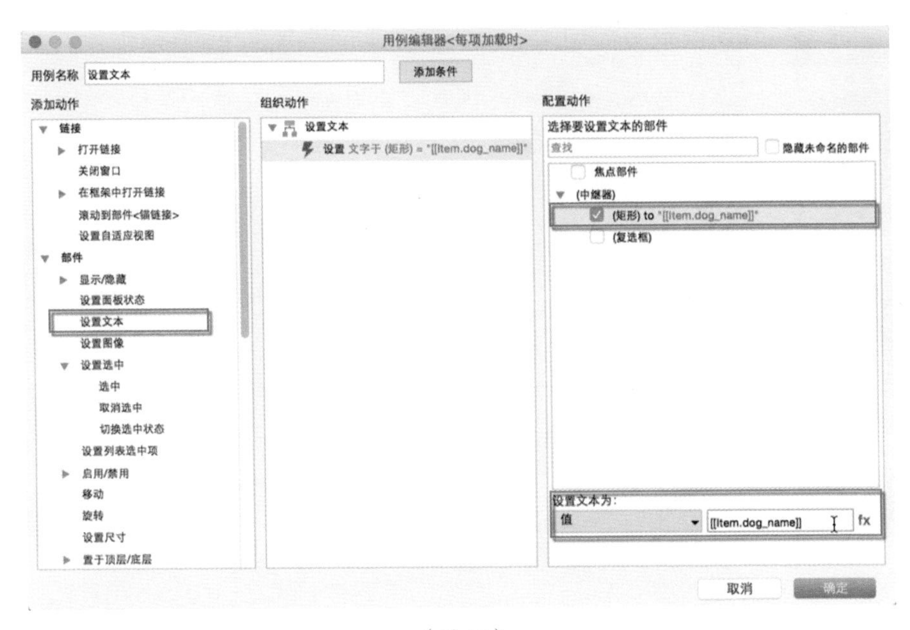

（图 56）

○ 导入图像：导入图像到数据集中并使用【设置图像】动作将图像插入到中继器的项中。不过要提前在中继器的项中添加一个图像部件，用来显示中继器数据集里面所导入的图像。首先在中继器数据集中新增一列用来存储图像数据，然后右键点击要插入图像的项，在弹出的关联菜单中点击【导入图图像】并添加图像，见图 57。接下来在【部件面板】中拖放一个图像部件到设计区域，在设计区域底部点击【项目交互】选项卡，见图 58。双击【每项加载时】事件中的 Case1，在弹出的【用例编辑器】中继续添加【设置图像】动作，然后在右侧的【配置动作】中选择要将图像插入到哪个部件，然后在默认下拉选项中选择【值】，见图 59。点击右侧的 fx，在弹出的【编辑值】对话框中点击【插入变量或函数…】，在下拉列表中选择 [[Item.dog_img]]，见图 60，点击【确定】按钮。

（图 57）

（图 58）

- 在中继器包含的部件中使用交互：中继器中的数据可以添加交互，比如添加基于条件判断的页面链接，请参考视频教程基础篇【33 中继器详解】。

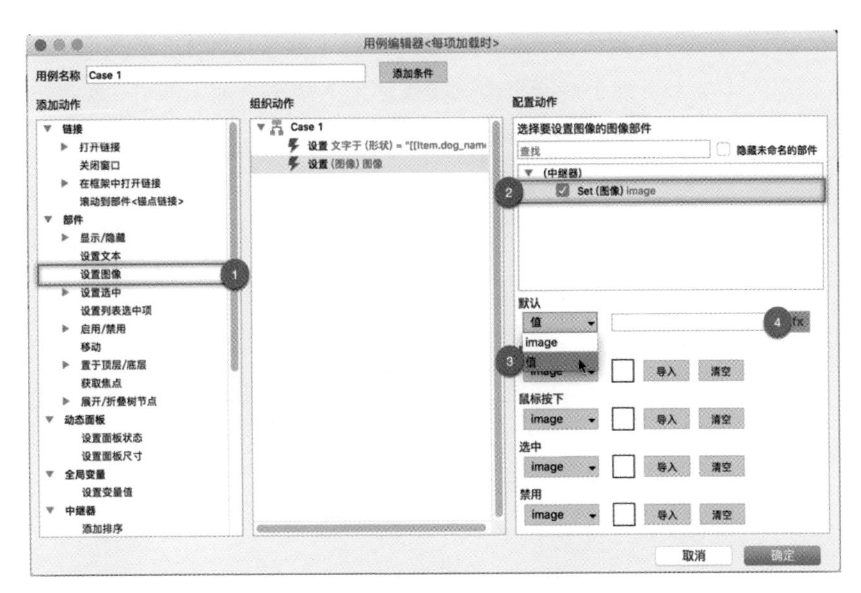

（图 59）

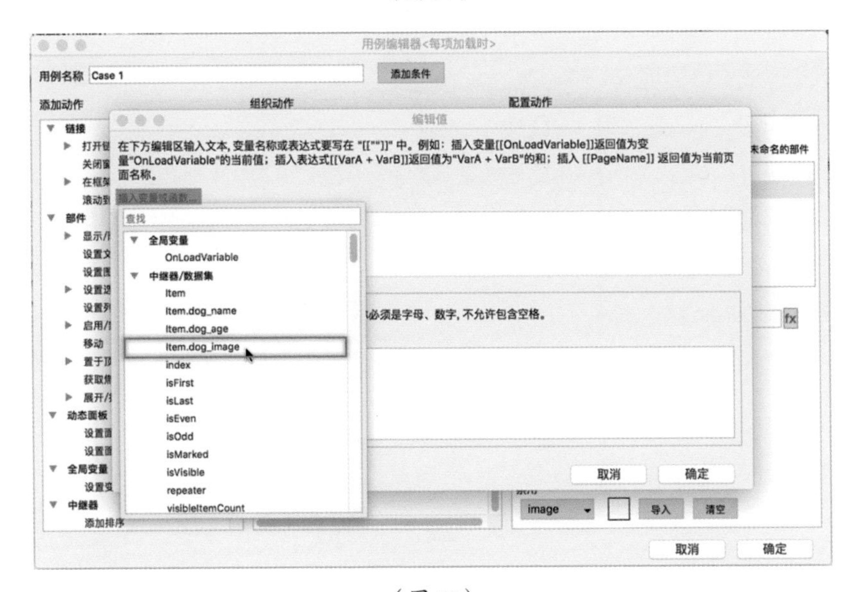

（图 60）

- 插入参考页面：中继器数据集的项中可以添加参考页面（页面链接），当用户点击时就跳转到相关页面。要给中继器的项目添加参考页面，首先要在数据集中新增一列，如将列名设置为 reference_ page，然后右键单击一个空白项并选择【参考页面】，见图 61，在弹出的【参考页面】对话框中选择想要插入的【页面】即可，见图 62。

（图 61）

（图 62）

然后在设计区域中选择一个想要触发页面跳转动作的部件，在右侧的【交互】面板中双击【鼠标单击时】事件，在弹出的【用例编辑器】中新增【当前窗口】打开链接动作，然后在右侧的【配置动作】底部选择【链接到外部 URL 或文件】，点击 fx，见图 63，在弹出的【编辑值】对话框中点击【插入变量或函数…】下拉列表，选择在数据集中添加了参照页的列名 [[Item.reference_page]]，见图 64。

（图 63）

用例编辑器<鼠标单击时>
用例名称 Case 1 添加条件
添加动作 组织动作 配置动作
编辑值
在下方编辑区输入文本，变量名称或表达式要写在 "[[""]]" 中。例如：插入变量[[OnLoadVariable]]返回值为变量"OnLoadVariable"的当前值；插入表达式[[VarA + VarB]]返回值为"VarA + VarB"的和；插入 [[PageName]] 返回值为当前页面名称。
查找
全局变量
OnLoadVariable
中继器/数据集
Item
Item.dog_name
Item.dog_age
Item.dog_image
Item.reference_page
index
isFirst
isLast
isEven
isOdd
isMarked
isVisible
repeater
必须是字母、数字，不允许包含空格。
取消 确定
返回上一页<变量修改无效>
取消 确定

（图 64）

- 使用条件：数据集中的项值可以使用带有特定条件的动作进行评估，例如，可以设置数据集中名称为 dog_age 的列，如果值大于 2 就设置为选中状态，这样可以突出显示特定的数据项，见图 65。在随书的视频教程中会使用大量案例对中继器部件的操作进行讲解。

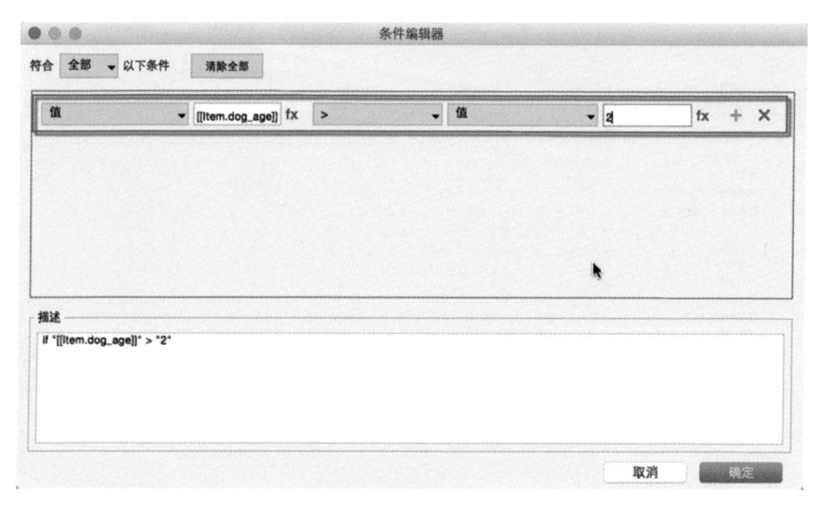

（图 65）

- 中继器项目样式，见图 66。

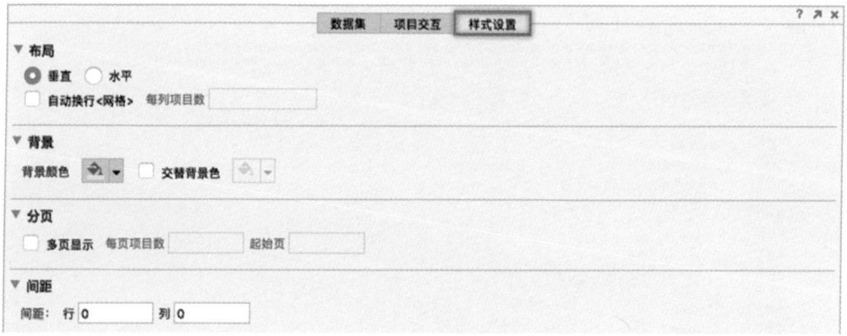

（图 66）

布局：该设置可以改变数据的显示方式。

垂直：设置中继器数据集中的项目垂直显示。

水平：设置中继器数据集中的项水平显示。

自动换行 < 网格 >：超过指定数量就自动换行或者换列显示。

每列项目数：设置每行或每列中包含的数据项的数量。

背景颜色：给中继器添加背景色。

交替背景色：给中继器的项添加交替背景色，如一行红色一行蓝色，这样可以增强用户的阅读体验。

分页：设置在同一时间显示指定数量的数据集的项（将数据集分别放置于多个不同页面显示，可通过上一页、下一页或输入指定页面进行切换，可用于制作购物网站中的商品分页等效果）。

多页显示：将中继器中的项放在多个页面中切换显示。

每页项目数：设置中继器的项在每个单独页面中显示的项目数量。

起始页：设置默认显示页面，如默认显示第一页或其他某个指定页面。

间距：设置每行和每列数据之间的间距。

- 中继器部件的属性，见图 67。

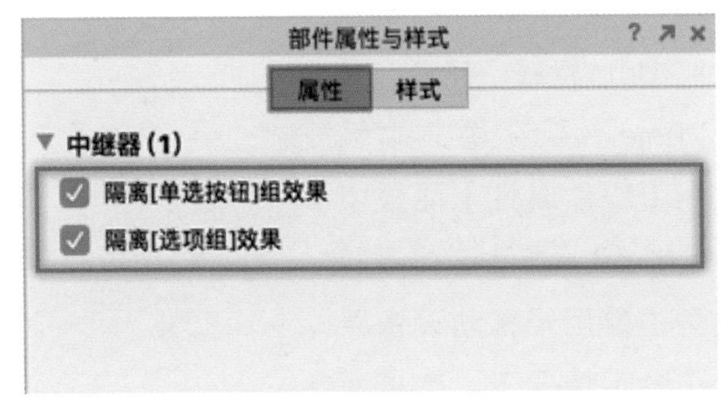

（图 67）

隔离 [单选按钮组] 效果：中继器里面的项使用了单选按钮组效果，并且在同一页面中使用了多个中继器，为了避免不同中继器里面的单选按钮组效果相互冲突，可以勾选此项。

隔离 [选项组] 效果：与隔离 [单选按钮组] 效果类似，中继器里面的项使用了选项组效果，并且在同一页面中使用了多个中继器，为了避免不同中继器里面的选项组效果相互冲突，可以勾选此项。

关于中继器部件的高级操作，请参考视频教程实战篇【天猫 APP 原型制作】。该部分案例使用中继器部件模拟了商品列表，并对商品进行了尺码、颜色、数量的选择操作。以及将商品加入购物车后修改商品数量刷新价格、购物车中商品的删除、结算等一系列操作。但是笔者强烈建议初学者应按从头至尾的顺序学习视频教程。

9. 文本框

- 文本框类型：文本输入框可以设置特殊的输入格式，这些不同的类型用来调用不同系统中对应的键盘输入类型。比如，将文本输入框类型设置为日期，在 iOS 设备中点击该部件会调用日期选择器，见图 68.
- 可选格式：text、密码、Email、Number、Phonenumber、Url、查找、文件、日期、Month、Time。要设置文本输入框类型，在【部件属性】面板中进行设置，见图 69。虽然这些不同的文本框类型主要用于移动设备原型制作，但在特定情况下，在桌面电脑上恰当使用也可以大大提升工

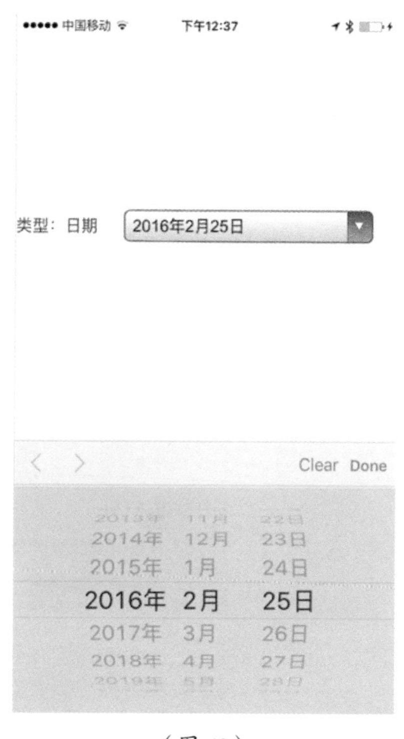

（图 68）

作效率。图 70 所示为在 Chrome 浏览器中的效果，当我们在设计原型时需要使用到模拟日历时，使用【文本输入框】部件，并将其类型设置为【日期】，就可以实现真实的日历选取功能，见图 71。但是该效果在 Firefox、Safari 浏览器中无效，见图 72。

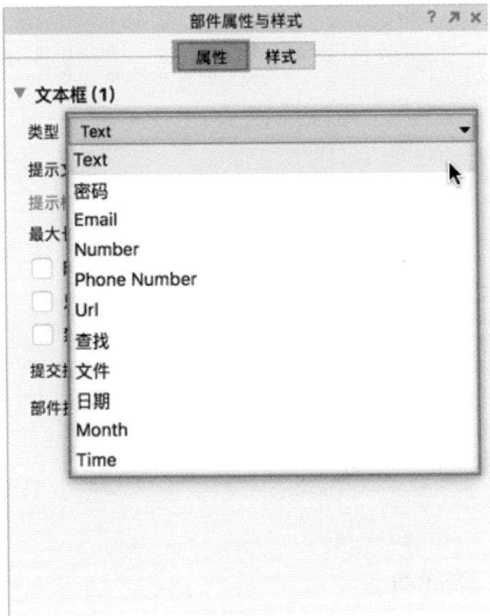

（图 69）

（图 70 Chorme 浏览器中的预览效果）

text
text input
密码
Email
Number
2015年11月
Phone Number
周日 周一 周二 周三 周四 周五 周六
Url
查找
文件
日期
2015/11/05
Month
2015年--月
Time
下午 02:01

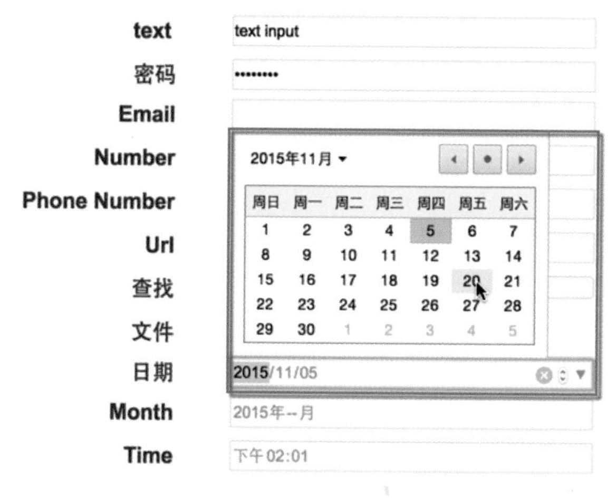

（图 71　Chorme 浏览器中的日历效果）

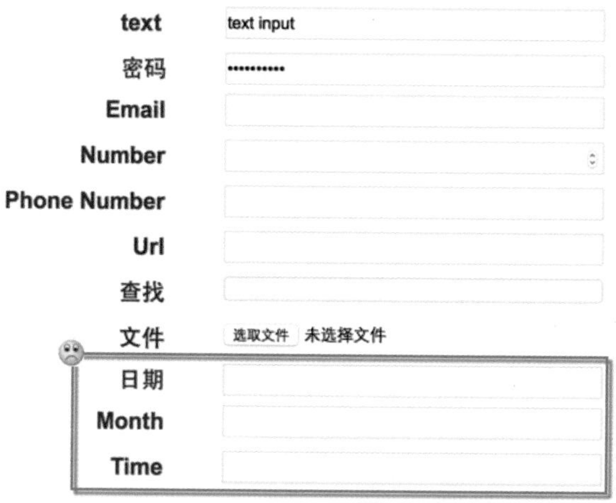

text
text input
密码
Email
Number
Phone Number
Url
查找
文件
选取文件
未选择文件
日期
Month
Time

（图 72　Safari 浏览器中的预览效果）

■ 提示文字：在【部件属性】面板中还可以给文本输入框添加提示文字，也就是文本占位符，见图 73。还可以编辑提示文字的样式，见图 74。

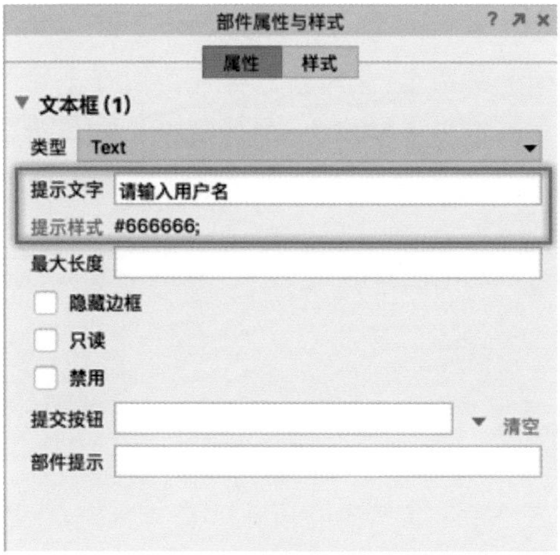

部件属性与样式 ? ↗ ×
属性 样式
▼ 文本框 (1)
类型 Text
提示文字 请输入用户名
提示样式 #666666;
最大长度
隐藏边框
只读
禁用
提交按钮 ▼ 清空
部件提示

（图 73）

设置交互样式
提示文字
基本样式 默认
字体 Arial
字体类型 Regular
字体尺寸 13
粗体 B (点击切换为粗体)
斜体 I (点击切换为斜体)
下划线 U (点击切换为下划线)
字体颜色
填充颜色
外部阴影
内部阴影
文字阴影
对齐
预览
取消 确定

部件交互与说明 ? ↗ ×
文本框 名称
交互 说明
添加用例... 创建连接...
文本改变时
获取焦点时
失去焦点时
更多事件>>>

部件属性与样式 ? ↗ ×
属性 样式
▼ 文本框 (1)
类型 Text
提示文字 请输入用户名
提示样式 #666666;
最大长度
隐藏边框
只读
禁用
提交按钮 ▼ 清空
部件提示
部件管理 ? ↗ ×

（图 74）

- 禁用文本输入框：要防止有文字输入到文本输入框，可以在【部件属性】面板中勾选【禁用】。文本输入框还可以在【用例编辑器】中使用禁用动作，将其设置为【禁用】。部件被设为禁用后就变成了灰色（不可输入状态），见图 75。

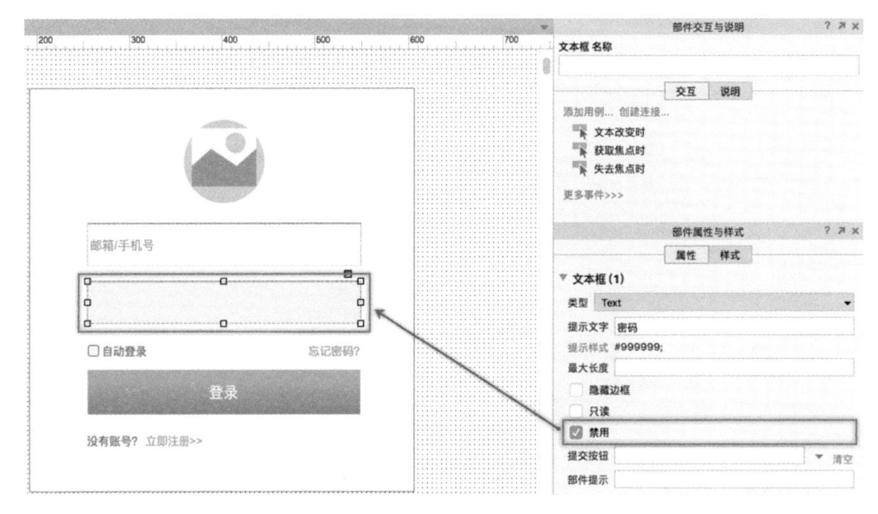

（图 75）

- 设置文本框为只读：当文本输入框设置为【只读】后，我们无法通过键盘操作直接输入和修改其中的内容，但可以通过事件操作修改文本输入框中的值。要将文本输入框设置为只读，在部件属性面板中勾选【只读】即可。
- 隐藏边框：可以通过切换显示文本输入框部件的边框来创建自定义文本框样式。要隐藏文本输入框周围的边框，右键点击该部件并勾选【隐藏边框】，见图 76，或者到【部件属性】面板中勾选，还可以给文本输入框设置填充颜色。

10. 多行文本框

多行文本框部件在大多情况下用在留言或评论效果。多行文本框可以输入多行文本，而且可以调整至任意想要的高度，见图 77。

（图 76）

代码语言 字号

在多行文本框中，可以输入多行内容。
通常用于留言或评论。
并且可以通过拖放右下角的手柄调整大小。

（图 77）

- 多行文本框部件的属性除了不能设置类型，其他和文本输入框相同，可参考文本输入框部件。
- 多行文本框部件的局限性在于，不能添加渐变背景色，但可以将其背景设置为透明，再添加一个填充颜色的矩形部件，置于文本段落底部即可。

11. 下拉列表框

下拉列表经常用于性别选择、信用卡过期日期、地址列表等形式。所选择的项存储在变量中，然后通过变量进行传递。

■ 编辑下拉列表：添加、删除、排序选项：双击下拉列表，在弹出的【编辑列表项】对话框中可以对下拉列表中的项目进行添加、删除和排序，见图 78。

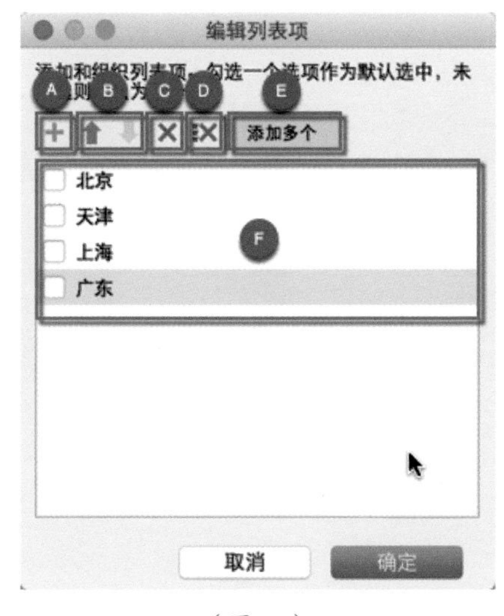

（图 78）

A：添加列表项
B：使用上下蓝色箭头调整列表项顺序
C：删除选中列表项
D：删除所有列表项
E：批量列表项
F：已添加列表项

■ 禁用下拉列表：默认情况下，将下拉列表框部件拖放到设计区域中，该部件是启用的。但某些情况下需要禁用下拉列表，可以右键点击该部件并选择勾选【禁用】，或者到【部件属性】面板中勾选【禁用】。下拉列表的启用或禁用，可以在【用例编辑器】的动作中进行设置，见图 79。

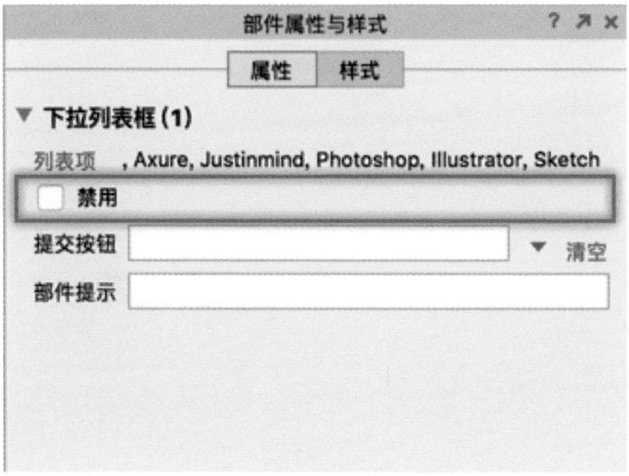

部件属性与样式
属性　样式
▼ 下拉列表框 (1)
列表项　, Axure, Justinmind, Photoshop, Illustrator, Sketch
禁用
提交按钮　清空
部件提示

（图 79）

■ 创建空白列表项：在生成的原型中，【下拉列表框】部件默认显示最上面（第一个列表项）。虽然不能创建空白选项，但是可以添加一个列表项并给该列表项内容添加一个空格，这样可以替代空白选项，见图 80。

编辑列表项
添加和组织列表项。勾选一个选项作为默认选中，未勾选则默认为第一个。
添加多个
北京
天津
上海
广东
取消　确定

（图 80）

当制作的原型在移动设备中预览时，会根据设备系统的不同而显示不同的功能模块，如在 iOS 设备中会显示选择器（picker），见图 81。

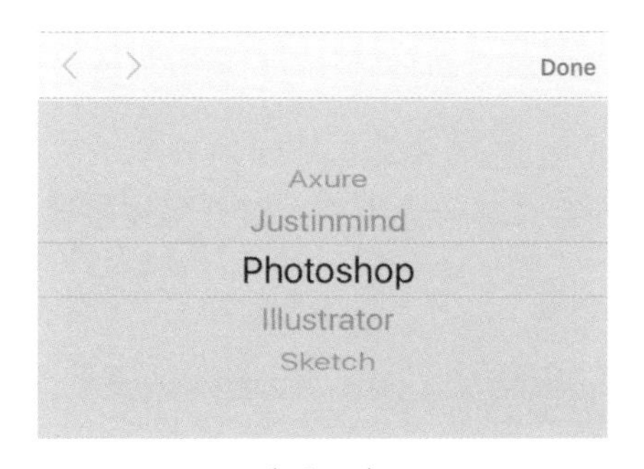

（图 81）

12. 列表框

通常用来替代【下拉列表框】部件，如果你想让用户查看所有选项而不需要点击选择的话，就使用列表选择框替代下拉列表。

（图 82）

- 编辑列表选择框：项目的添加、删除、排序和批量添加操作，和下拉列表框都是一样的。唯一不同的是，列表选择框可以设置为允许选择多个列表项，见图 82。

■ 列表框的局限性：项目列表框内的列表项不能动态改变，也就是说不能通过事件动态添加、删除、编辑列表项。但可以使用多个动态面板状态中包含不同的列表项项来实现。在一个交互事件中不能同时读取或设置多个选项，即便勾选了多选功能，列表框部件只允许读取或设置一个选项。

13. 复选框

复选框经常用来允许用户添加一个或多个附加选项。详细讲解可参考视频教程基础篇【8 复选框，单选按钮】。

■ 编辑复选框：要将复选框默认设置为勾选，可以在设计区域单击复选框或者右键选择选中。复选框可以通过在【用例编辑器】中的【设置选中】动作进行动态设置。

■ 对齐按钮：默认情况下，复选框在左侧，文字在右侧。你可以通过【部件属性】面板调整左右位置。

■ 禁用复选框：默认情况下复选框是启用的，但有些情况需要禁用复选框，可右键点击，选择【禁用】，或者在【部件属性】面板中选择【禁用】，见图 83。

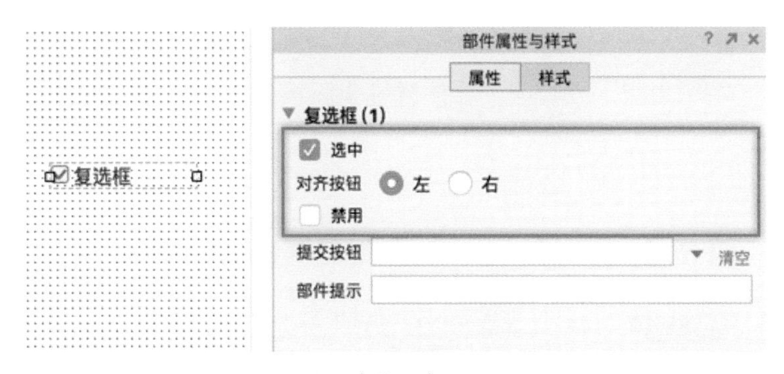

（图 83）

■ 复选框的局限性：复选框只可以给文字更改样式。如果想给复选框更改样式，可以使用动态面板制作自定义复选框。与单选按钮不同，复选框不能像单选按钮那样使用【指定单选按钮组】。

14. 单选按钮

单选按钮经常用于表单中，从一个小组的选择切换到另一组。该选择可以触发该页面上的交互或被存储的变量值跨页面交互，见图 84。

其他付款选项

支付宝 请在 6 个小时内完成付款

财付通 请在 6 个小时内完成付款

货到付款-POS机刷卡 不可用于这次订单。 为什么？

货到付款-现金 不可用于这次订单。 为什么？

网银支付（需事先开通网银功能，支付限额以银行规定为准） 请在 6 个小时内完成付款 (了解更多)

请选择发卡行

招商银行分期付款

用招商银行信用卡分期支付您的订单，以下显示每期还款金额是根据您的订单总额减去礼品卡余额及电子帐户余额估算得出，实际金额以招行帐单为准。(了解更多)

3期，招行在第一期加收 ¥ 9.00 (3%)分期付款手续费
(第一期 ¥ 109.00，以后每期 ¥ 100.00，总计： ¥ 309.00)

（图 84）

■ 指定单选按钮组：意思是将多个单选按钮添加到一个组中，一次只能将一个单选按钮设置为选中状态，操作方法如下。

选择你想要加入到组中的单选按钮，点击右键，在弹出的关联菜单中选择【指定单选按钮组】，或者在【部件属性】面板中设置单选按钮组名称，见图 85-A。

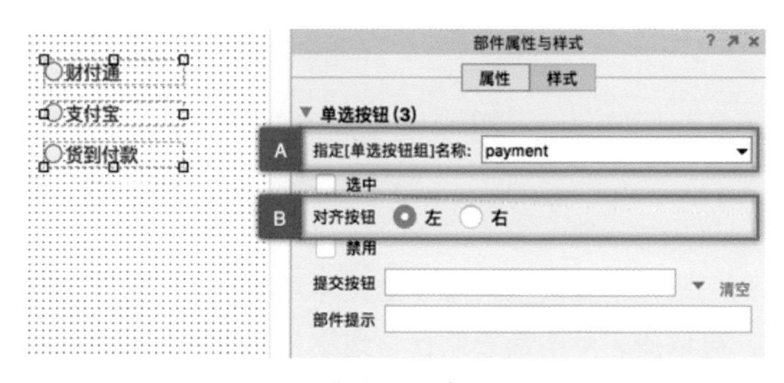

（图 85-A）

如果你想添加其他的单选按钮到组中，右键点击该单选按钮，在弹出的关联菜单中选择【指定单选按钮组】，在弹出的对话框中选择对应的单选按钮组名称，见图 86。如果要将单选按钮从组中移出，右键点击单选按钮，选择【指定单选按钮组】，将组名称清空，点击【确定】按钮即可。

（图 86）

■ 对齐方式：默认情况下，单选按钮在左侧，文字在右侧。可以通过【部件属性】面板调整左右位置，见图 85-B。

■ 禁用单选按钮：默认情况下单选按钮是启用的，但有些情况需要禁用单选按钮。右键点击单选按钮，选择【禁用】，或者在【部件属性】面板中选择【禁用】。

■ 设置默认选中或动态选中：单选按钮可以在设计区域点击设置为默认选中，或者右键单击勾选选中，见图 87，这样生成原型单选按钮默认是选中的。单选按钮也可以通过【用例编辑器】中的【设置选中】动作，动态设置其选中状态。

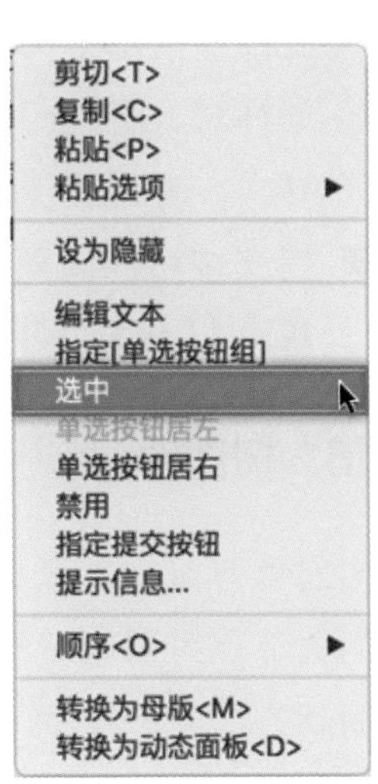

（图 87）

■ 单选按钮的局限性：单选按钮是固定的高度，你可以改变文字，但无法改变按钮形状的大小。单选按钮的图标无法修改，但可以通过使用动态面板部件制作自定义单选按钮。在工作中，尤其是制作高保真原型时，我们会大量制作适用于自己工作项目的自定义部件，可将其添加到自定义部件库，便于后期循环使用。

15. 提交按钮

该按钮是为操作系统的浏览器体验而设计的，提交按钮的样式取决于你使用哪一款浏览器来预览效果，它通常针对你使用浏览器内置了鼠标悬停和鼠标按下的交互样式。在【部件属性】面板中，仅提供了【禁用】和【部件提示】两项可以操作，见图 88。

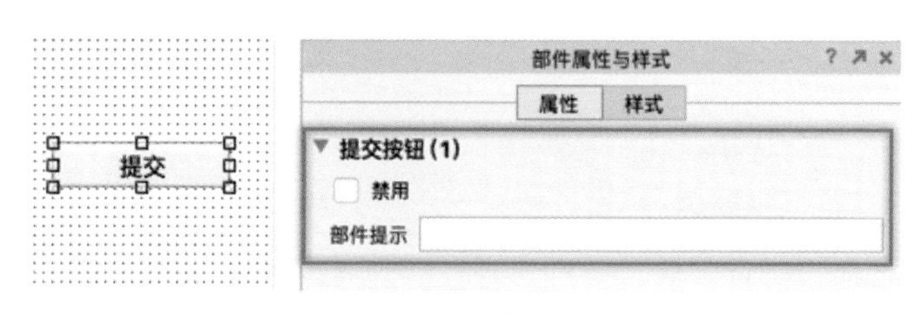

（图 88）

- 编辑提交按钮：提交按钮的填充颜色、边框颜色和其他大多数样式格式都被禁用了，取而代之的是，生成原型后在浏览器中它会使用内建的样式。不过，提交按钮可以改变大小和禁用。如果你想自定义按钮样式，请使用形状按钮。
- 提交按钮的局限性：提交按钮无法设置交互样式，如【选中】【鼠标悬停】【鼠标按下】。提交按钮也无法动态读取或写入按钮上的内容。

16. 树部件

树部件可以用来模拟文件浏览器，点击不同的树节点可以隐藏和显示一个动态面板的不同状态。当一个页面内有太多交互的时候，也可以点击树节点跳转到新页面，见图 89。

（图 89）

- 添加 / 删除树节点：右键点击一个节点，在弹出的关联菜单中可以【添加】【删除】【移动】节点。子节点将会添加到该节点的下一层。在该节点前 / 后添加，是同级节点，见图 90。

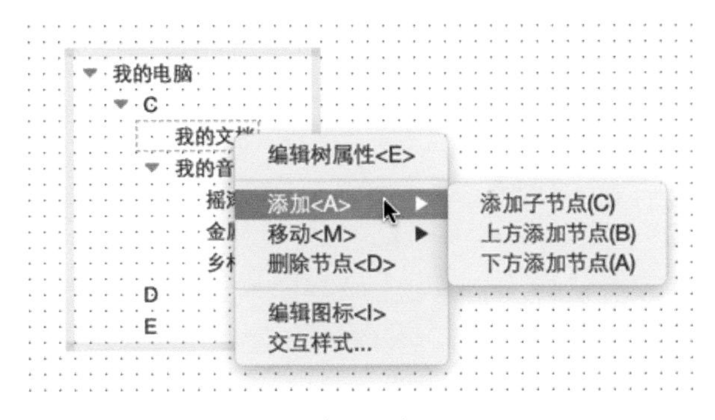

（图 90）

■ 添加树节点图标：树节点可以添加自定义图标，右键点击一个节点并选择【编辑图标】，导入一个图标，并选择应用到【该节点和同级节点】或【该节点、同级节点和全部子节点】，见图 91。关闭对话框，然后右键点击树，选择【编辑树属性】，在弹出窗口中勾选【显示图标】，见图 92-A。

■ 自定义展开 / 收起图标：右键点击，选择【编辑树属性】，在弹出对话框或【部件属性】面板中，可自定义展开 / 收起图标，见图 92-B。

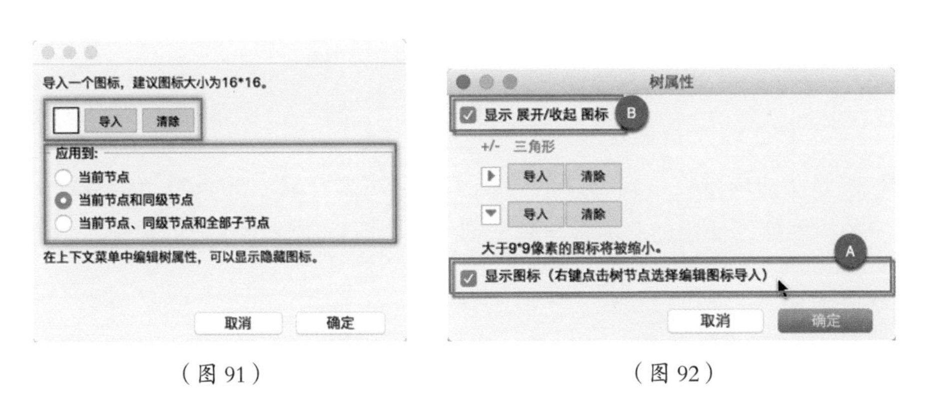

（图 91）　　（图 92）

■ 树节点的交互样式：树节点可以添加【鼠标悬停】【鼠标按】【选中】的交互样式。右键点击树节点并选择【交互样式】，或者在【部件属性】面板中设置，见图 93。

设置交互样式

鼠标悬停　鼠标按下　选中

基本样式　默认
字体　Arial
字体类型　Regular
字体尺寸　13
粗体　B（点击切换为粗体）
斜体　I（点击切换为斜体）
下划线　U（点击切换为下划线）
字体颜色
线条颜色
线宽
线型
圆角半径　0
填充颜色

应用到：
当前节点
当前节点和同级节点
当前节点、同级节点和所有子节点

预览

取消　确定

（图 93）

■ 树部件的局限性：树部件的边框不能自定义样式。如果想制作自定义的树部件，使用动态面板与其他部件组合可以制作出想要的效果。

17. 表格

表格部件可以通过交互（如点击鼠标）在单元格中动态显示数据。

■ 添加 / 删除行和列：要添加行 / 列，点击右键单元格，在弹出菜单中选择插入 / 删除行或列，见图 94。

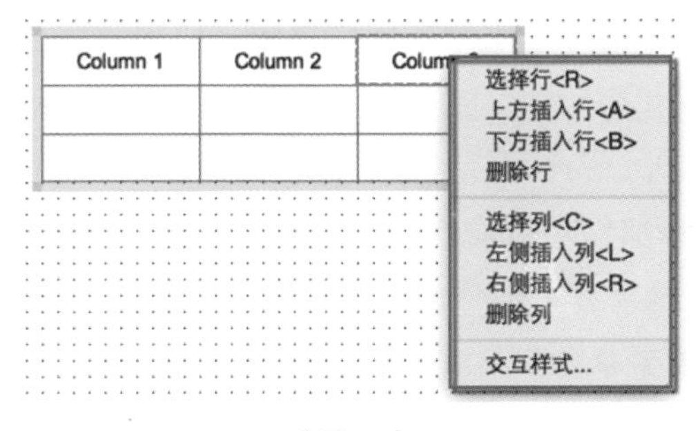

（图 94）

- 交互样式：表格中的单元格可以设置【鼠标悬停】【鼠标按下】【选中】的交互样式，右键点击单元格（可以同时按下 Ctrl/Command 进行多选），然后在【部件属性】面板中设置交互样式。
- 表格的局限性：鼠标单击单元格无法输入文字，单元格默认要双击才可以输入文字。要实现单击输入文字状态，可以使用【文本输入框】部件覆盖在单元格上面。不能同时添加多行或多列，表格只允许每次添加一行或一列。不能通过事件动态添加行或列，如果希望使用动态添加行 / 列功能，请使用中继器部件。不能对表格中的数据进行排序和过滤，也不能像 Excel 那样合并单元格。

18. 经典菜单（水平菜单 / 垂直菜单）

菜单部件通常用于母版之中，其目的是在原型中跳转到不同页面。

- 编辑菜单：要编辑菜单，点击右键，在弹出关联菜单中选择在【前方 / 后方添加菜单项】【删除菜单】【添加子菜单】，见图 95。

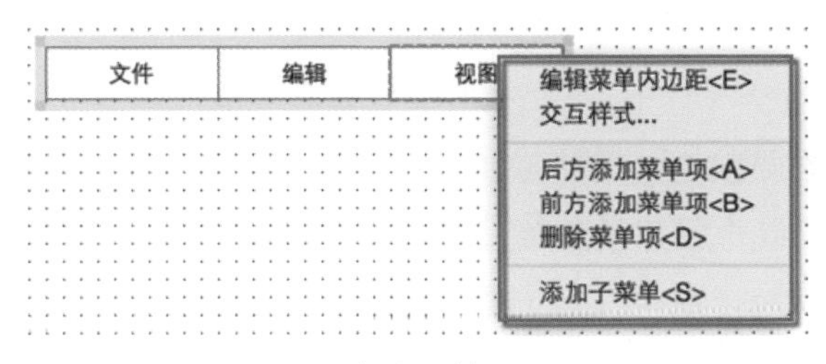

（图 95）

- 菜单样式：使用格式栏或部件样式面板可以编辑菜单样式，如填充颜色、字体颜色和字体大小等。
- 菜单的交互样式：菜单可以添加交互样式，【鼠标悬停】【鼠标按下】【选中】，选择要添加样式的菜单（可以按住 Ctrl/Command 多选），右键选择交互样式，或者在【部件属性】面板中设置，如【当前菜单项】【当前菜单】【当前菜单和子菜单】，见图 96。

（图 96）

- 菜单部件的局限性：无法嵌入图标。但是可以通过创建自定义菜单来实现。无法点击展开子菜单，菜单部件默认是鼠标悬停展开子菜单的。不过在大多数情况下，我们都是使用动态面板部件和其他部件组合来自定义制作保真度更高的菜单。

1.3.2　部件操作

该部分内容可参考视频教程基础篇【10 部件操作，站点地图，页面属性】。

1. 添加、移动和改变部件尺寸

- 添加部件：只需在左侧【部件面板】中拖放部件到设计区域即可，也可以从一个页面中复制部件并粘贴到另一个页面中。
- 移动部件：使用鼠标左键拖动部件到指定的位置或使用方向键移动，使用方向键每次移动部件 1 像素；使用 Shift+ 方向键每次移动部件 10 像素；Ctrl/Command + 鼠标拖放可以快速复制并移动新部件到指定位置；Shift+ 鼠标拖动按 X、Y 轴移动部件；Ctrl+Shift+ 鼠标拖放按 X、Y 轴复制并移动新部件到指定位置。
- 改变部件大小：选中部件，然后拖拽部件周围的手柄工具；也可以使用坐标和大小（在顶部工具栏和部件属性面板）；还可以选取多个部件，同时移动并改变它们的大小。
- 旋转部件：选择想要旋转的形状按钮部件，按 Ctrl/Command，然后将鼠标悬停在部件的边角上并拖拽鼠标即可旋转部件；还可以在【部件样式】面板中输入要旋转的角度值，见图 97。

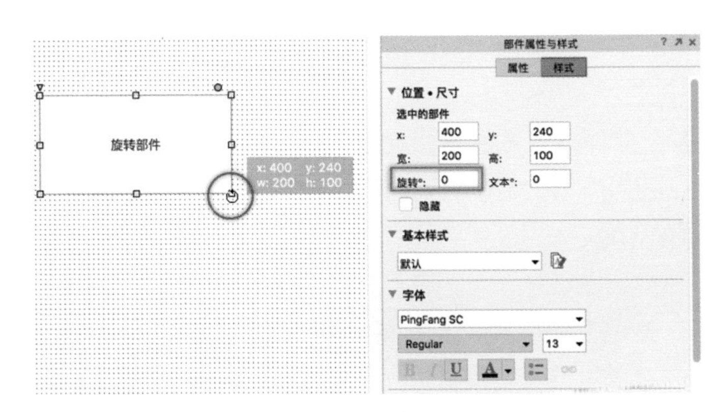

（图 97）

■ 文本链接：文本部件上可以添加链接，首先双击并选中要添加链接的文字内容，然后在【部件属性】面板中点击【插入文本链接…】，见图 98，在弹出的【链接属性】对话框中可以链接到项目的某个内部页面 / 外部页面 / 重新加载当前页面 / 返回上一页，插入文本链接后，文字将突出显示，见图 99。

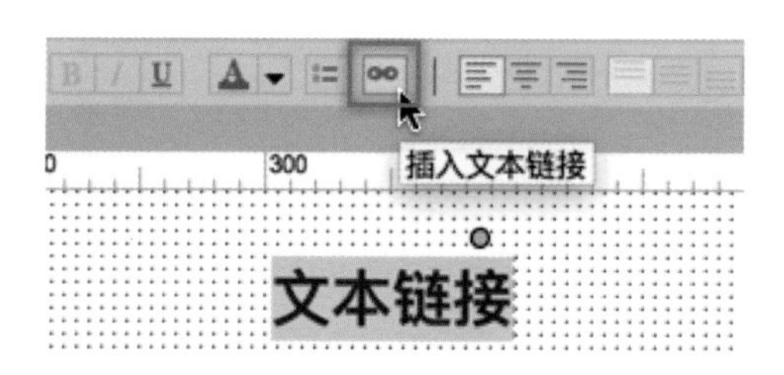

（图 98）

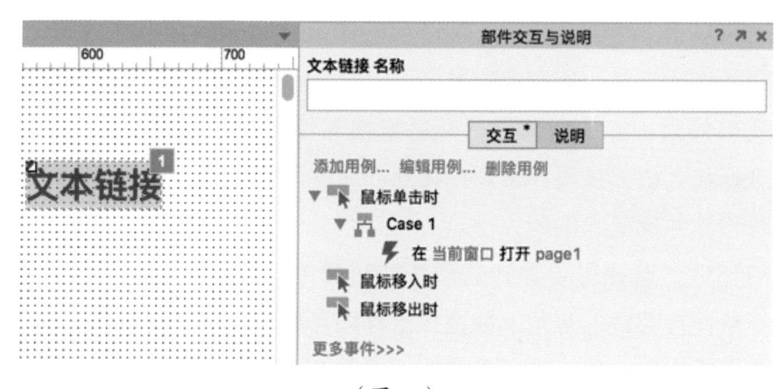

（图 99）

2. 组合

首先选择多个部件，点击右键，在弹出的关联菜单中选择组合（快捷键 Ctrl + G/Command + G），还可以使用工具栏对部件进行排序、对齐、分布或锁定，见图 100。

（图 100）

■ 组合的选择方式：第一次点击组合，会选中整个组合；再次点击可选中组合中的单个部件；按住 Shift 健再次点击可以同时选中多个组合中的部件；点击设计区域中的任意空白位置取消选择，见图 101。

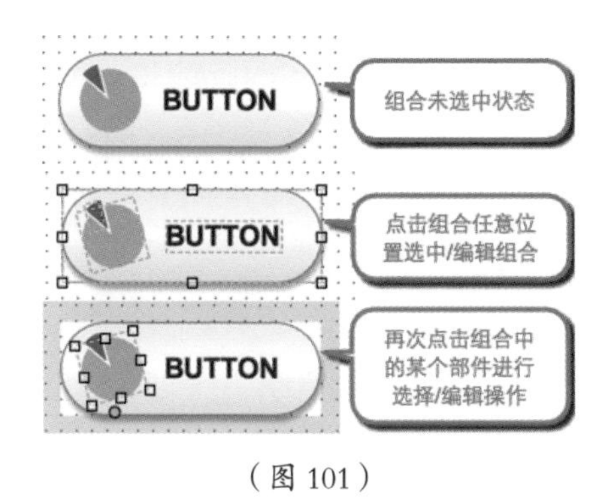

（图 101）

3. 改变选择模式

在 Axure RP7 的工具栏中有随选模式和包含模式两种选择，见图 102。随选模式是默认的，当点击或通过拖动鼠标区域选择部件时，任何鼠标范围内接触到的部件都会被选中，见图 103。包含模式和 Visio 相似，只有在鼠标选区完全包含部件范围时才能选中，见图 104。

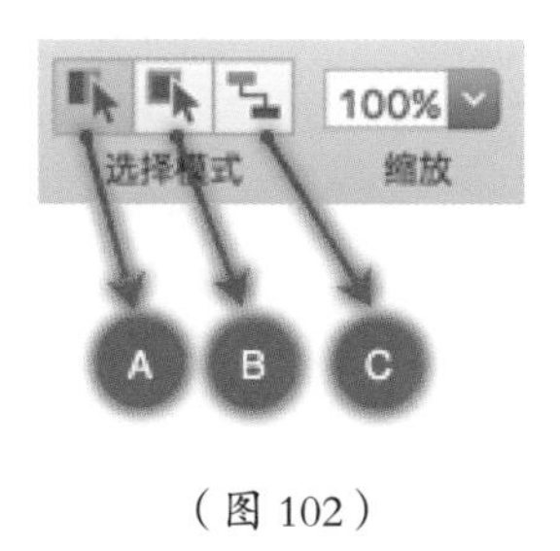

（图 102）

A：随选模式

B：包含模式

C：连接线模式

■ 连接线模式：可以用来给流程图部件之间添加连接线，见图 105，通常用来绘制流程示意图，可参考视频教程基础篇【19 流程图】。

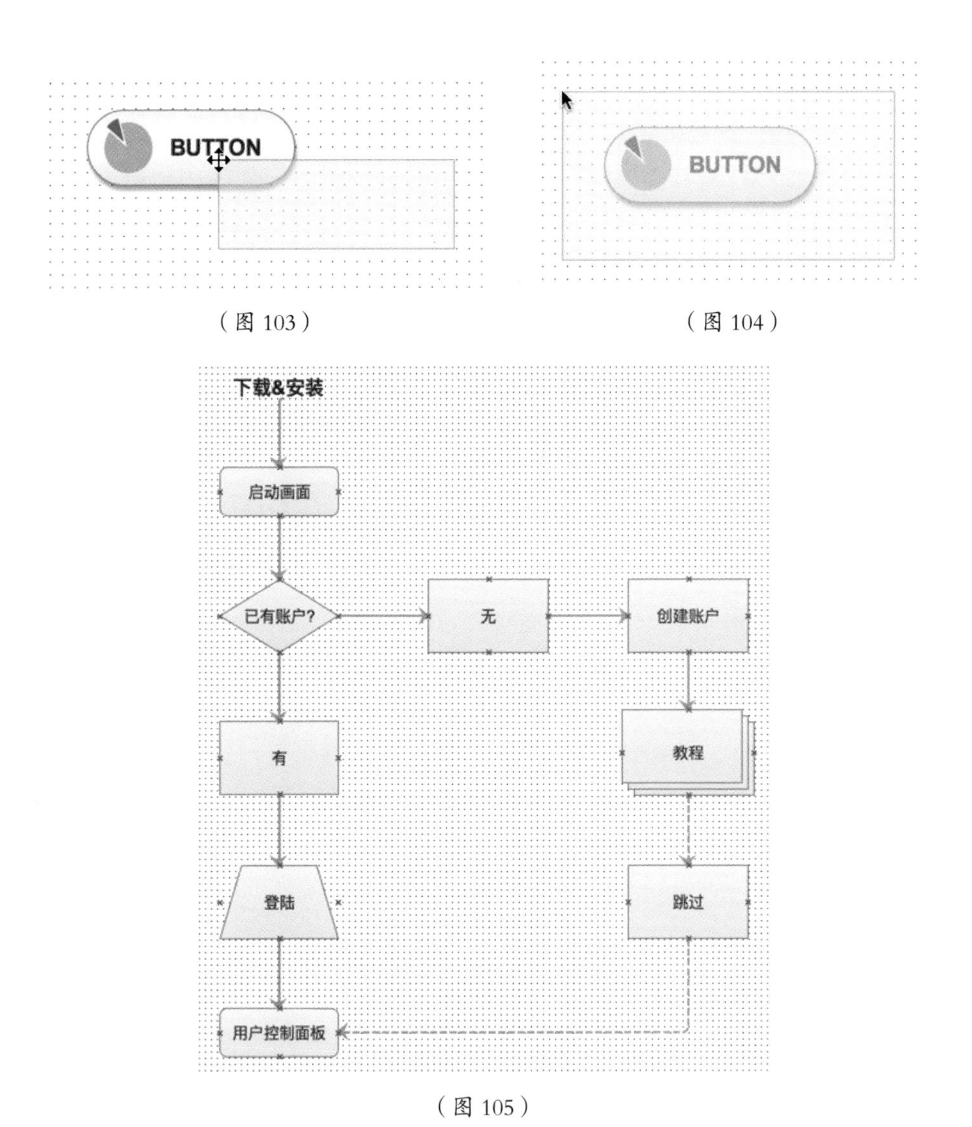

（图 103）　　（图 104）

（图 105）

4. 编辑部件样式

- 工具栏与格式栏：使用设计区域上方的工具栏和格式栏可以编辑部件样式，如字体、字号、字体颜色、填充颜色、线条颜色、坐标和大小等。还可以选择多个部件并使用布局工具，如次序、对齐、分布等，见图 106。

（图 106）

- 双击编辑：双击部件来编辑该部件是最常用的属性编辑。如双击一个图像部件打开【导入图像】对话框，双击下拉列表打开【编辑列表项】对话框。
- 右键编辑：右键点击部件显示额外特定的属性，这些属性根据部件的不同而不同。
- 部件属性和部件样式面板：在【部件样式】面板中可以找到部件坐标、大小、字体、对齐、填充、阴影、边框和内边距等。在【部件属性】面板中可以找到部件的特殊属性。

5. 部件属性面板详解

- 交互样式：交互样式是在特定条件下的视觉属性。
  - 鼠标悬停：当鼠标指针悬停于部件上。
  - 左键按下：当鼠标左键按下保持没有释放时。
  - 选中：当部件是选中状态。
  - 禁用：当部件是禁用状态。
- 调整形状部件的宽度或高度自适应部件内容：在 Axure RP7 中，双击形状部件四周的尺寸手柄，可让部件快速自适应其内容宽 / 高，见图 107。

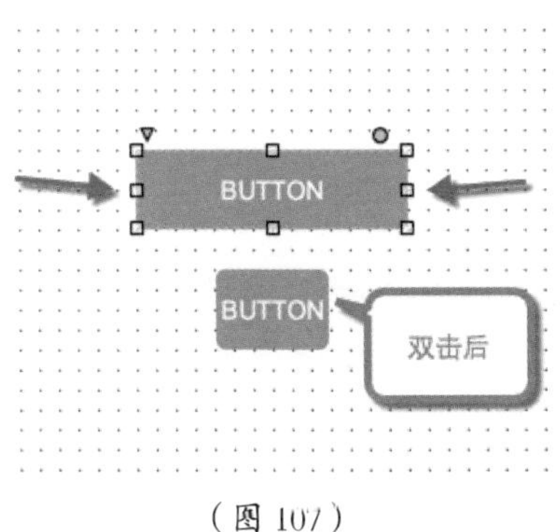

（图 107）

- 禁用：设置部件为禁用状态。
- 选中：设置部件为选中状态，生成原型后该部件为选中时的交互效果。
- 设置选项组：将多个部件添加到选项组。
- 提示信息：当鼠标悬停在部件上时，显示文字提示信息。

6. 部件特定属性

- 图像部件：保护边角，该功能类似于九宫格切图和 .9png 制作，它可以在拉伸图像大小时保持边角不变。
- 文本输入框：
  - 类型：主要用于调用移动设备中不同的键盘模式（比如用户使用手机输入手机号码时、输入密码时，键盘的模式是不同的，这样可以提升用户体验）。文本输入类型可设置为文本、密码、电子邮件、电话号码、号码、网址和搜索等。
  - 最大长度：设置最多可输入的文字数。
  - 提示文字：文本占位符，可设置获取焦点时消失或输入内容时消失。
  - 提示样式：编辑提示文字的样式。
  - 只读：生成原型后是不可编辑的文本。
  - 隐藏边框：隐藏输入框的边框。
  - 禁用：将部件设置为禁用状态。
  - 提交按钮：分配一个按钮或形状按钮，当按下 Enter 键时执行点击按钮事件。
- 内联框架：将 Axure 项目内部的页面、外部 URL、视频、音频等加载到内联框架中显示。
  - 滚动条：根据需要设置内联框架滚动条的显示方式。
  - 隐藏边框：切换显示内部框架周围的边框。
  - 预览图像：显示 Axure 内部的预置图像（便于设计师明确该部分内容是什么）。

- 复选框
  - 选中：勾选此项后，复选框默认为选中状态。
  - 对齐按钮：设置按钮的位置，位于文字内容的左侧或右侧。
- 单选按钮
  - 指定单选按钮组：创建或分配单选按钮组，给多个单选按钮指定单选按钮组之后，这些单选按钮中最多只有一个可以被选中。
- 文本区域
  - 隐藏边框：隐藏文本区域周围的边框。
- 下拉列表框
  - 列表项：添加 / 删除列表的选项。
- 菜单
  - 菜单项：新增 / 删除菜单项。
  - 菜单内边距：设置菜单的内边距。
  - 交互样式：设置菜单项的交互样式。
- 树部件：
  - 展开 / 折叠图标：改变展开 / 折叠树节点的小图标。
    - 加减号：改变图标为 + / -。
    - 三角形：改变图标为三角形。
  - 导入图标：可导入自定义图标。
  - 显示树节点图标：切换显示额外的树节点的图标，可以通过右键单击一个树节点并选择【编辑图标】添加。

7. 部件样式面板详解

位置・尺寸

选中的部件：编辑选中部件的位置、尺寸以及部件旋转角度和部件中文字的旋转角度，见图 108。

（图 108）

每个选中的部件：当多个部件被选中时出现，可以同时编辑所有部件的位置、尺寸和旋转角度，见图 109-A。

所有选中的部件：当多个部件被选中时出现，可以编辑选中区域的位置、尺寸和旋转角度，见图 109-B。

部件属性与样式 ? ↗ ×

属性 样式

▼ 位置 • 尺寸

每个选中的部件 A

x: 540 y:

宽: 100 高: 30

旋转°: 0 文本°: 0

所有选中的部件 B

x: 540 y: 245

宽: 100 高: 70

隐藏

▼ 基本样式

默认

▼ 字体

Arial

Regular 13

B I U A

▼ 边框 • 线型 • 填充

圆角半径: 5

不透明: 100 %

▼ 对齐 • 内边距

内边距 T 2 R 2 B 2 L 2

（图 109）

隐藏：勾选后，该部件默认为隐藏状态（可通过添加交互设置为显示）。

■ 部件样式

部件样式编辑器：在格式栏左侧和【部件样式】面板均可以打开部件样式编辑器，通过部件样式编辑器可以自定义添加或修改默认的部件样式，见图 110-C。

（图 110）

管理部件样式：在部件样式编辑器对话框中，可以对 Axure 的默认部件的默认部件样式进行编辑或创建自定义部件的样式，见图 110-D。

填充：设置部件的填充颜色，Axure RP7 中所有的形状部件都可以填充单色或渐变色，见图 111。

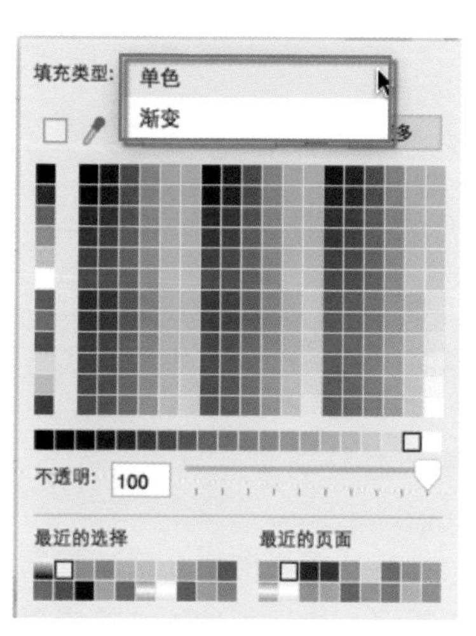

（图 111）

阴影：给形状部件设置外部阴影、内部阴影和文字阴影，见图 112-A。

边框：设置形状部件的边框线条宽度、线条颜色、线条样式、线条的箭头样式。需要注意的是，在 Axure RP7 中，不可以单独设置某条边框的样式，见图 112-B。

圆角半径：设置形状部件的圆角半径，见图 112-C。

不透明度：设置形状部件的不透明度，见图 112-D。

字体：选择字体、字体大小、字体颜色、粗体、斜体、下划线、添加项目符号，见图 112-E。

对齐方式和内边距：形状部件的内容对齐方式、内边距和行间距设置，见图 112-F。

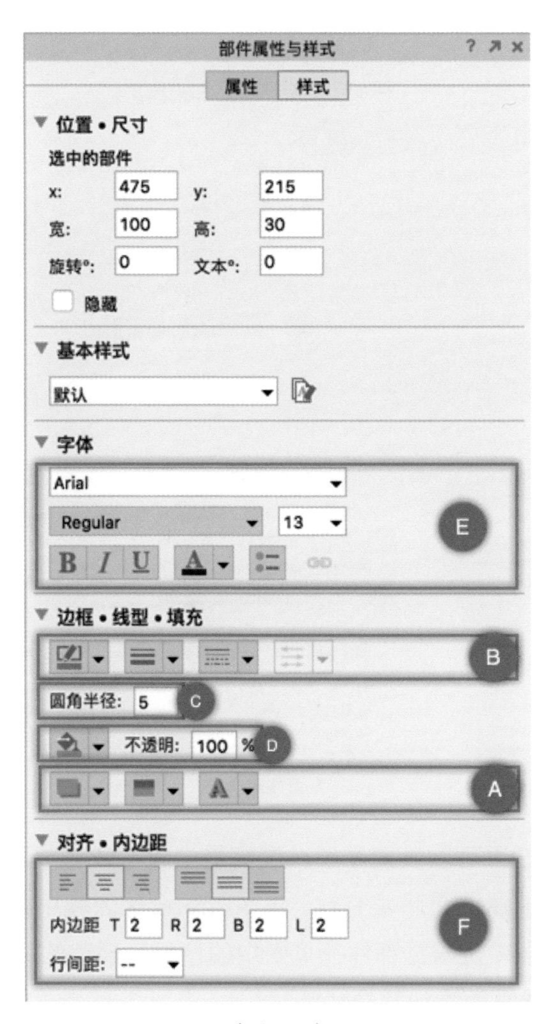

（图 112）

1.3.3　页面样式

1. 页面样式

通过【页面样式编辑器】可以对默认页面样式进行修改，或者将自定义页面样式应用到不同的页面上，见图 113；也可以通过主菜单中的项目 > 页面样式编辑器打开“页面样式编辑器”，见图 114。

（图 113）

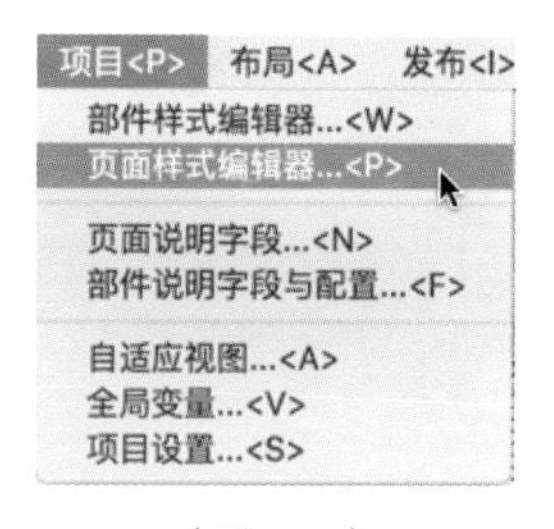

（图 114）

- 页面排列：这里可以设置原型在浏览器中居左或居中对齐，该项设置只有在生成 HTML 之后才有效，在 Axure 设计区域中是无效的。需要注意的是，居中是根据部件在页面中的位置来确定的。
- 背景颜色：给页面添加背景颜色。

- 背景图像：可以给页面导入背景图像。
- 水平 / 垂直对齐：设置背景图像水平对齐和垂直对齐。水平居中和垂直居中可以将背景图像固定在一个位置上。
- 重复：设置背景图像水平重复、垂直重复、水平垂直重复、覆盖或包含。
  - 图像重复：水平和垂直重复背景图像。
  - 水平重复：仅水平重复背景图像。
  - 垂直重复：仅垂直重复背景图像。
  - 拉伸以覆盖：拉伸图像填充整个浏览器可视窗口（visual viewport）尺寸，浏览器宽度和高度同时调整可影响背景图像拉伸。
  - 拉伸以包含：缩放图像的最大尺寸，让图像可以适应浏览器的可视窗口，浏览器宽度或高度调整时均可影响背景图像拉伸。

注意

背景图像的对齐、重复也是非常重要的知识点，使用该特性可实现图像的放大与缩小，请参考视频教程进阶篇【20 图片动态放大缩小】。

- 草图效果：草图可以快速将一个原型项目中硬朗的线条设置为手绘线框图效果，这可以让大家将精力集中在信息架构、交互和功能上。草图效果是页面样式的一部分，所以可以在【页面样式编辑器】中对其进行设置。此外，草图效果还有如下选项。
  - 草图程度：值越高，部件线条越弯曲，推荐 50。
  - 颜色：可以将整个页面填充为灰色，包括所有图像、填充色、背景色和字体颜色等。
  - 字体：在所有页面上应用统一的字体。
  - 线宽：给部件的边框增加宽度，这样看上去更像手绘效果，见图 115。

（图 115）

2．页面样式编辑器

页面样式编辑器可以对原型的每个页面样式进行设置。此外，还可以为特定页面创建自定义页面样式。在页面样式编辑器中可以集中管理所有自定义页面样式。要打开页面样式编辑器，点击页面样式下拉列表右侧的小图标，见图 113-A。编辑“默认”样式可以改变原型设计中的每一个页面。点击绿色加号，添加自定义样式。添加完毕后在页面样式的下拉列表中选择新添加的自定义样式就可以应用到当前页面了，见图 116。

3. 网格和辅助线

■ 3.1：网格系统介绍

通过现实中与部分学员的接触和读者的反馈，笔者发现很多朋友对网格系统（Grid System）和辅助线并没有清晰的认识，尤其是网格系统（此处特指前端设计中所使用的 Grid System，如 http://960.gs 和响应式网页设计中使用的 http://unsemantic.com 等，在 Axure 中辅助线扮演网格系统的角色）。在国内互联网中很多人称其为“栅格”，此处我们不讨论称呼问题。事实上，无论你习惯怎样称呼它，Grid System 在设计过程中都起着至关重要的作用。下面在开始介绍 Axure RP7 中的网格和辅助线之前，笔者觉得有必要对其专有术语进行适当讲解，以便广大读者能够更近一步熟悉它。

（图 116）

首先要介绍一下关于网格系统的术语，用来描述网格系统中各种组件的词汇看上去很简单，但它们却是非常不具体的。例如“列”（Column）的概念，看上去足够简单，但是在一个基于 8 列网格的页面中，你可能会创建一个只需要 2 列的文本内容，这种情况下 Column 所呈现的意义是不精确的。甚至一些基于网格设计的工艺类书籍也并不总是赞同这些术语，比如 regions，在网格系统中指垂直分割的区域；fields，在网格系统中指水平分割的区域。正如你所见，这两个英文单词都可以译为区域，这些术语看上去特别容易让人（包括外国人）感觉混乱或重复，其实它们代表着不同的意思，下面来看一下网格系统中需要用到的几个术语词汇。

- 单元（Unit）：网格系统中的每一个垂直区块，也就是垂直分割页面最小的单元（小单元）。如图 117 所示，960 像素宽度，12 个单元。

（图 117）

- 列（Columns）：一组列是一个大的单元，在工作区域中组合在一起来帮助我们组织规划不同呈现方式。比如大多数文本列都需要至少2个大的单元，以960像素宽，12个小单元为例，可以将其分为2列，每列6个小单元；或者3列，每列4个小单元，等等。如图118所示，12个小单元分为8列，每列2个小单元。

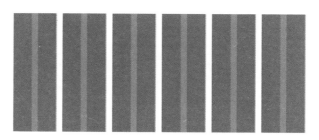

（图 118）

- 垂直分割区域（Regions）：垂直分割区域与列类似，将页面垂直分为几个部分。比如一个12单元，4列的网格系统，可以垂直分割为3个区域，左侧的区域占2列，剩余2个区域各占一列，如图119所示。

（图 119）

- 水平分割区域（Fields）：将页面水平分割为不同区域（水平分割区域是用高度来计量的，帮助我们以 Y 坐标为基准来组织规划内容的呈现方式），见图 120。水平分割区域可以使用多种方式来计算，其中使用“黄金比例”进行分割是最高效的方法。关于黄金分割和斐波那契数列在互联网产品设计中的应用，读者们可通过网络搜索，有很多资料可供参考，如老版本的 Twitter 网页，见图 121，新版的 Twitter LOGO 的设计案例，见图 122。参考资料：http://designshack.net/articles/graphics/twitters-new-logo-the-geometry-and-evolution-of-our-favorite-bird/

（图 120）

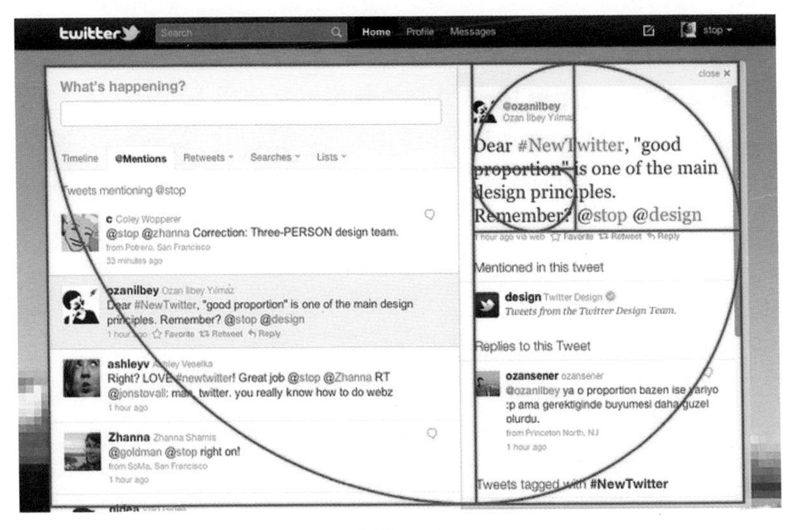

（图 121）

（图 122）

- 间距（Gutters）：指每个小单元和列之间的空白区域。当小单元合并成列时，也会将间距一起合并到列中，但并不包括最左侧和最右侧的空白区域（也就是左边距和右边距，padding-left & padding-right）。
- 外边距和内边距（Margin& Padding）：外边距是指单元和列以外的空间；内边距是指单元和列最左、最右、最上、最下的空间，如图 123 最左侧和最右侧的空白区域。如果想进一步了解 Margin & Padding 可搜索【盒子模型】，或者使用 Chrome、Safari 等浏览器，右键点击网页中的任意元素，在弹出的关联菜单中选择【审查元素】，然后通过【盒子模型】分析元素的内边距、外边距，见图 123。

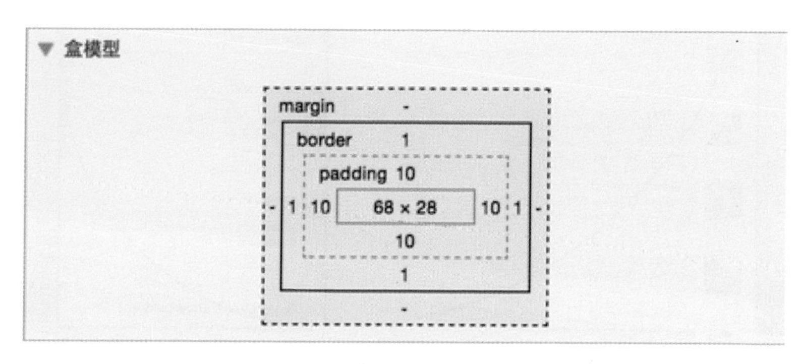

（图 123）

- 元素（Elements）：指页面中的某个组件，比如一个按钮、一张图像、一段文本等。
- 模块（Modules）：指由一组元素组成的内容或功能，比如会员注册模块，就是由标签、文本输入框、按钮等元素组成。

至此，网格系统中的术语词汇就介绍完毕了，笔者建议各位读者在空闲之余能够学习一些 HTML+CSS+JavaScript 基础知识，这样能帮助你深刻理解网页是由什么成分构成的，以及它们的工作原理是怎样的。事实上，即便是对完全不懂编码的读者来说这也不会花费很多时间和精力，因为学习这些基础知识并不等于拥有使用它们去编写产品或原型的能力，那需要长时间刻苦的学习和工作中实战经验积累。进一步说，学习前端知识可以帮助你理解你所看到的“网页”背后是什么，有了这些知识作为基础，你可以更加顺畅地与真正的开发人员沟通。

3.2：Axure 中的网格和辅助线

在 Axure 中辅助线对保持布局与部件对齐有非常大的帮助。你可以为单独页面创建辅助线（局部辅助线），也可以给所有页面创建全局辅助线。

- 添加局部辅助线：添加辅助线到当前页面，用鼠标点击设计区域上方和左侧的标尺，然后拖动鼠标把从水平或垂直辅助线拖拽到设计区域。
- 添加全局辅助线：给所有页面添加辅助线，按住 Ctrl/Command，然后鼠标点击标尺并拖拽辅助线到设计区域，这样所有页面都被添加了辅助线，见图 124。
- 使用预置设置创建辅助线：可以通过 Axure 内置的预设添加辅助线，点击菜单栏【布局 > 网格和辅助线 > 创建辅助线】，或者右键点击设计区域，选择【网格和辅助线 > 创建辅助线】。这里有多种预置可供选择，你也可以自定义布局；还可以选择添加全局辅助线或当前页面辅助线，见图 125。

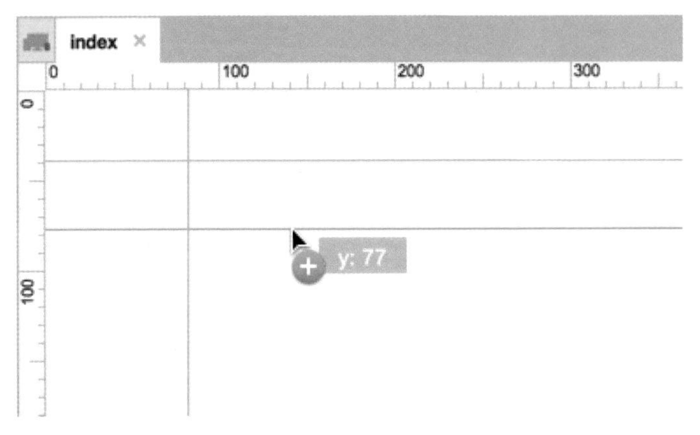

（图 124）

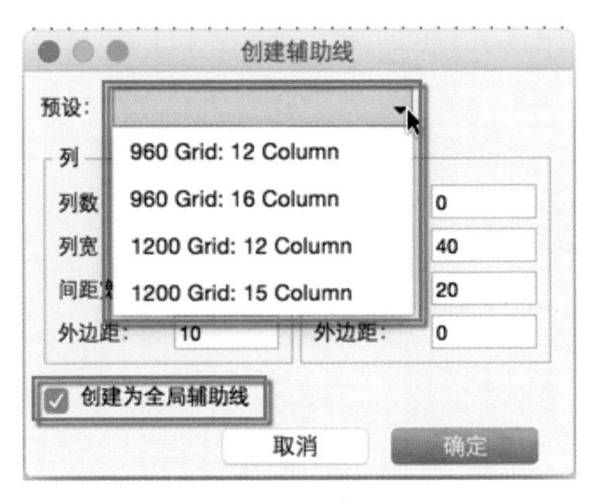

（图 125）

- 网格设置：右键点击设计区域，在弹出的关联菜单中选择【网格和辅助线 > 网格设置】。
- 显示网格：切换网格的显示状态。
- 对齐网格：切换部件与网格对齐。
- 间距：定义网格的交叉点之间的距离。
- 样式：改变网格交叉线的风格样式。
- 线：将网格样式设置为线。
- 交叉点：将网格样式设置为点。
- 颜色：改变网格的颜色，见图 126。

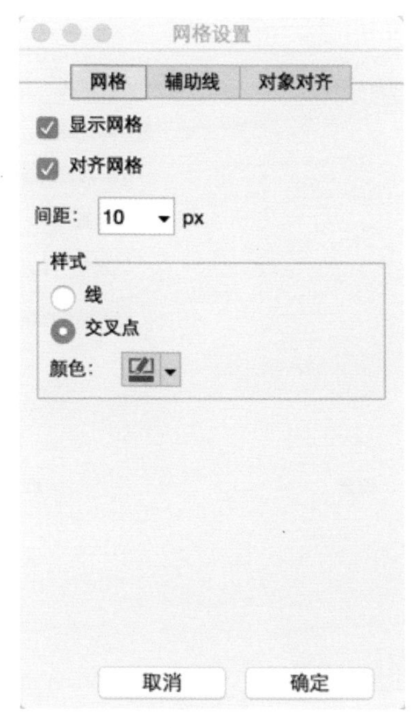

（图 126）

- 辅助线设置，见图 127。
- 显示全局辅助线：切换项目中全局辅助线的可见性。
- 显示页面辅助线：切换项目中页面辅助线的可见性。
- 对齐辅助线：切换部件对齐到辅助线状态。
- 锁定辅助线：切换设计区域中辅助线的锁定状态。
- 全局辅助线颜色：改变全局辅助线颜色。
- 页面辅助线颜色：改变页面辅助线颜色。
- 对象对其设置，见图 128。
- 对齐对象：切换部件是否与其他部件边缘对齐。
- 对齐边缘：切换部件之间对齐的像素大小。
- 垂直：设置部件垂直对齐的像素。
- 水平：设置部件水平对齐的像素。
- 对齐辅助线颜色：设置当部件对齐时辅助线的颜色。

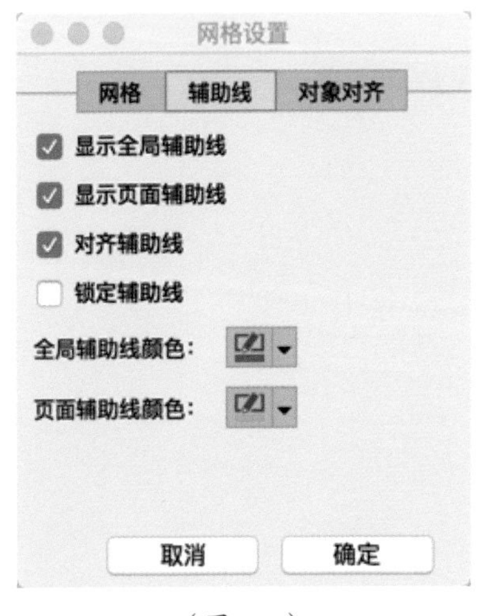

（图 127）

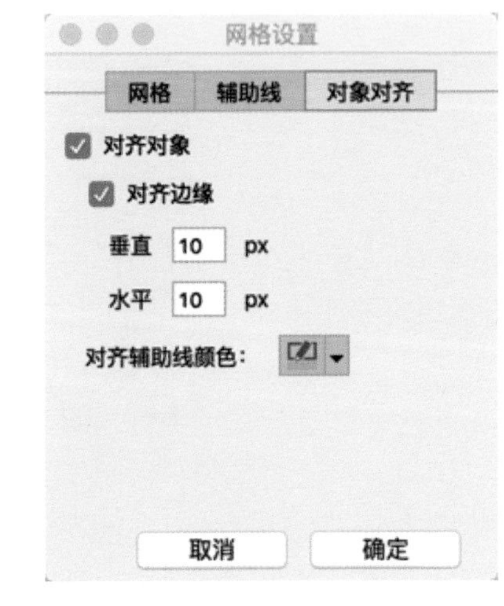

（图 128）

1.4　交互基础

该部分内容可参考视频教程基础篇【11 事件，用例，动作】。

本节将介绍一些 Axure 中比较基础但非常实用的交互，可以让不懂代码的读者制作出可交互的高保真原型。在 Axure 中创建交互包含以下四个构建模块：交互（Interactions）、事件（Events）、用例（Cases）和动作（Actions）。交互是由事件触发的，事件是用来执行动作的，这就是本章要重点讲解的四个主题。

现如今无论是客户还是公司领导对更好的用户体验的期望持续上升，很明显，我们正处在设计软件所带来的巨大变化中，加上响应式网页设计的广泛传播与移动 APP 的巨大需求，用户体验更是被推向浪尖。在国内且不论公司规模大小，甚至有些公司并不真正了解用户体验的意义，当需要制作网站或 APP 的时候都会提出“用户体验”这个词。在项目中（尤其是响应式网站设计和 APP 设计），利益相关者（老板、股东）和团队成员负责人（开发人员、视觉设计师等）越早参与进来充分沟通，工作效率与项目成功率越高。但是在项目早期仅仅靠带有很多文字注释的静态线框图是难以与利益相关者和团队成员顺畅沟通的，因为他们难以想象出静态线框图实现出来的“响应式”是什么样子，或者他们会想象成其他任何想象中的样子，这就造成了巨大的理解差异。使用 Axure，可以快速制作高参与度的用户体验，并可以在不同尺寸的物理设备上测试带有交互效果的线框图或高保真原型。

本节将给大家介绍如何将静态线框图转换为动态，使用 Axure 制作简单但高效的交互。

交互是 Axure 中的构建模块，用来将静态线框图转换为可交互的 HTML 原型。在 Axure 中，通过一个简洁的、带有指导的界面选择指令和逻辑就可以创建交互，每次生成 HTML 原型，Axure 都会将这些交互转换为浏览器可以识别的真正的编码（JavaScript、HTML、CSS）。但是请牢记：这些编码并不是产品级别的，并不能作为最终的产品使用。

每个交互都是由 3 个最基本的单元构成，这里为了便于大家理解，我们借用 3 个非常简单的词来讲解：什么时候（When）、在哪里（Where）和做什么（What）。

什么时候发生交互行为（When）？在 Axure 中对应 When 的术语是事件（Events），举几个例子。

- 当页面加载时（其中页面加载时，就是事件）。
- 当用户点击某按钮时（其中鼠标点击时，就是事件）。
- 当文本输入框中的文字改变时（其中文字改变时，就是事件）。

在 Axure 界面右侧的【部件交互】面板中，可以看到很多事件的列表，这些事件根据部件的不同而有所不同（并不是所有部件的事件都是相同的），点击设计区域中任意空白处，在【部件交互】面板中可以看到页面相关的事件，见图 129。

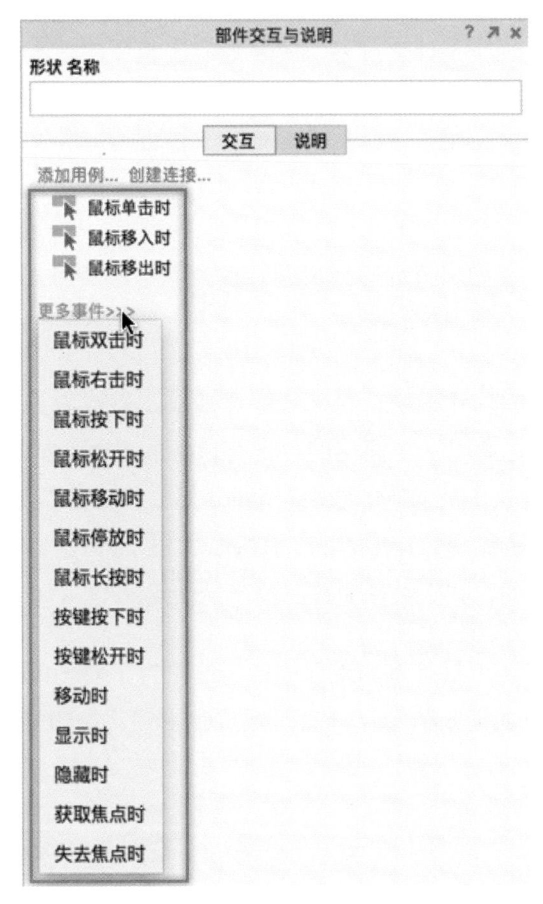

（图 129）

在哪里找到这些交互（Where）？交互可以添加在任意部件上，如矩形部件、下拉列表框和复选框等，也可以附加在页面上。要给部件创建交互，就【部件交互】面板的选项中进行设置；要给页面创建交互，就在设计区域底部的【页面交互】选项卡中进行设置，见图 130。在 Axure 中对应 Where 的术语是用例（Cases），一个事件中可以包含一个或者多个用例。

（图 130）

做什么（What）? 在 Axure 中对应 What 的术语是动作（Actions），动作定义交互的结果，举几个例子。

- 当页面加载时，第一次渲染页面时显示哪些内容（其中显示哪些内容，就是动作）。
- 当用户点击某按钮时，就跳转链接到其他某个页面（其中跳转链接到某个页面，就是动作）。
- 当文本输入框失去焦点时（光标从文本输入框中移出时），文本输入框可根据你设置的条件进行判断，并显示错误提示（其中显示错误提示就是动作）。

在有些情况下，一个事件中可能包含多个替代路径，要执行某个路径中的动作是由条件逻辑（Conditional Logic）决定的，关于条件逻辑笔者会在后面的章节中给大家讲解。

1.4.1　事件

总体来说，Axure 的交互是由以下两个类型的事件触发的。

- 页面事件：是可以自动触发的，比如当浏览器中加载页面时，还有页面滚动栏滚动时。
- 部件事件：对页面中的部件进行直接交互，这些交互是由用户直接触发的，比如点击某个按钮。

页面事件，以【页面载入时】事件为例，给大家详细描述一下，见图 131。

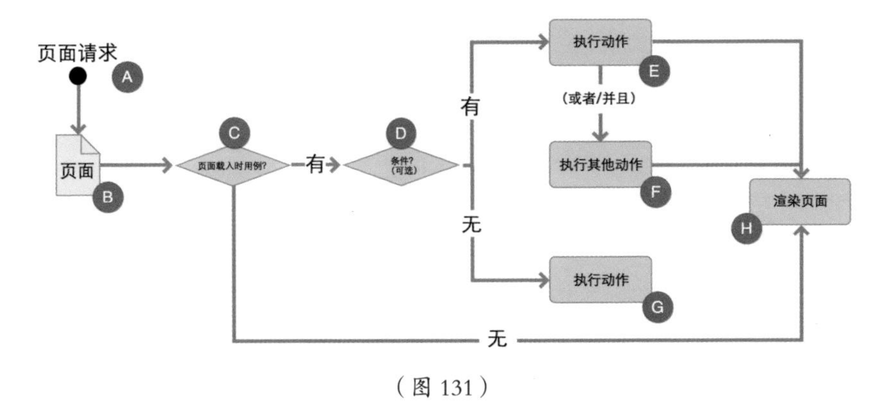

（图 131）

- 浏览器获取到一个加载页面的请求（A），可以是首次打开页面，也可以是从其他页面链接过来的。
- 页面首先检测是否有页面加载时交互，页面加载时事件（C）是附加在页面上的（B）。
- 如果存在【页面加载时】事件，浏览器会首先执行页面加载时的交互。在后面的章节中，会给大家讲解不同页面间基于【页面载入时】事件的变量值的传递。
- 如果页面载入时的交互包含条件（D），浏览器会根据逻辑来执行合适的动作（E/F）；如果页面载入时不包含条件，浏览器会直接执行动作（G）。
- 被请求的页面渲染完毕（H），页面载入时的交互执行完毕。

下面是 Axure RP7 中所有可用的页面事件。

- 页面载入时：当页面启动加载时。
- 窗口调整尺寸时：当浏览器窗口大小改变时。
- 窗口滚动时：当浏览器窗口滚动时。
- 页面鼠标单击时：页面中的任意位置被点击时（含空白处）。
- 页面鼠标双击时：当页面中的任意位置被双击时（含空白处）。

- 页面鼠标右击时：当页面中的任何部件被鼠标右键点击时（不含空白处）。
- 页面鼠标移动时：当鼠标在页面任意位置移动时（含空白处）。
- 页面按键按下时：当键盘上的按键按下时。
- 页面按键松开时：当键盘上的按键释放时。
- 自适应视图改变时：当自适应视图改变时。

部件事件：如【鼠标点击时】就是最基本的触发事件，可以用于鼠标点击时，也可用于在移动设备上手指点击时，下面给大家描述一下部件事件的执行流程，见图 132。

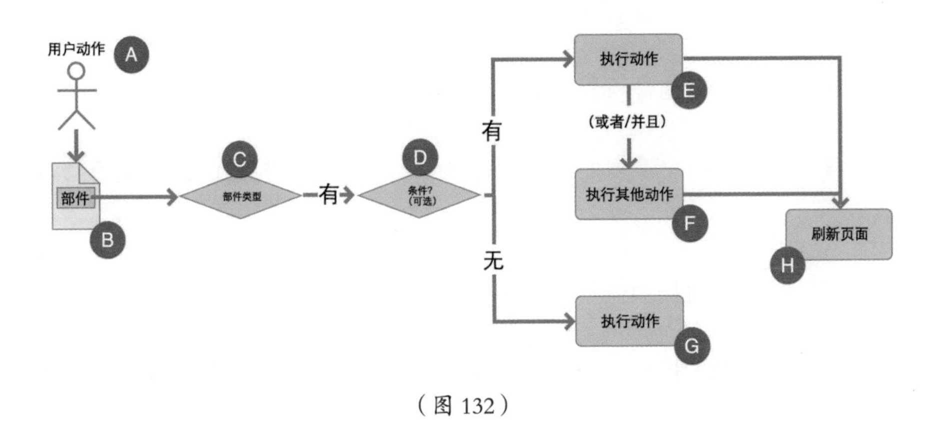

（图 132）

- 用户（A）对部件执行了交互动作，如鼠标点击，这个【鼠标点击时】事件是附加在部件（B）上的。
- 不同的部件类型（如按钮、复选框和动态面板等）拥有不同的交互响应（C）。比如，当用户点击一个按钮之前，鼠标移入该按钮的可见范围内，我们可以使用“鼠标移入时”事件改变这个按钮的交互样式。
- 浏览器会检测这个部件的事件上是否添加了条件逻辑（D）。比如，你可能添加了当用户名输入框为空时就执行显示错误提示动作（G）；如果用户名输入框不为空，就执行动作（E/F）。

- 如果没有条件，浏览器会直接执行附加在该部件上的动作（G）。
- 根据事件中动作的不同，浏览器可能会刷新当前页面或者加载其他页面。

下面是 AxureRP7 中所有可用的部件事件。

鼠标单击时：当部件被点击。

鼠标移入时：当光标移入部件范围。

鼠标移出时：当光标移出部件范围。

鼠标双击时：当时鼠标双击时。

鼠标右键点击时：当鼠标右键点击时。

鼠标左键按下时：当鼠标按下且没有释放时。

鼠标左键释放时：当一个部件被鼠标点击，这个事件由鼠标按键释放触发。

鼠标移动时：当鼠标的光标在一个部件上移动时。

鼠标悬停时：当光标在一个部件上悬停超过 2 秒时。

鼠标长按时：当一个部件被点击并且鼠标按键保持超过 2 秒时。

按键按下时：当键盘上的键按下时。

按键释放时：当键盘上的键弹起时。

移动时：当面板移动时。

调整尺寸时：当部件尺寸改变时（注意：在 Axure RP7 中仅动态面板部件可使用该事件）。

显示时：当面板通过交互动作显示时。

隐藏时：当面板通过交互动作隐藏时。

获取焦点时：当一个部件获取焦点时。

失去焦点时：当一个部件失去焦点时。

选项改变时：当下拉列表框或列表框部件中的选项改变时，这是条件的典型应用。

文本改变时：当文本输入框部件或文本区域部件中的文字改变时。

状态改变时：当动态面板被设置了“设置面板状态”动作时。

拖动开始时：当一个拖动动作开始时。

拖动时：当一个动态面板正在被拖动时。

结束拖动时：当一个拖动动作结束时。

向左拖动结束时：当一个面板向左拖动结束时。

向右拖动结束时：当一个面板向右拖动结束时。

载入时：当动态面板从一个页面的加载中载入时。

向上拖动结束时：当一个面板向上拖动结束时。

向下拖动结束时：当一个面板向下拖动结束时。

滚动时：当一个有滚动栏的面板上下滚动时。

每项加载时：中继器部件中的每个项目加载时（注意：在 Axure RP7 中仅

中继器部件可使用该事件)。

1.4.2　用例

通过图 131 和图 132 的模型，你应该已经对用例有所了解了。用例是用户与应用程序或网站之间交互流程的抽象表达，每个用例中可以封装一个独立的路径也可以跟根据不同条件而执行的多个路径。通常情况下，我们让原型按主路径执行动作，但是为了响应用户的不同操作或其他一些条件，我们还需要制作可选路径来执行其他动作。举例来说，当用户点击超链接时，可能有一个打开新页面的用例 (一个独立路径)。或者点击登录按钮时，可能有两个用例：如果登录成功就打开一个新页面；如果登录失败就显示提示错误信息 (两个路径)。由此可见，使用 Axure 中的用例，可以用来给同一个任务创建不同的路径。如果通过上面的描述依然对用例没有清晰的认识，下面这张图一定能帮你加深印象，见图 133。

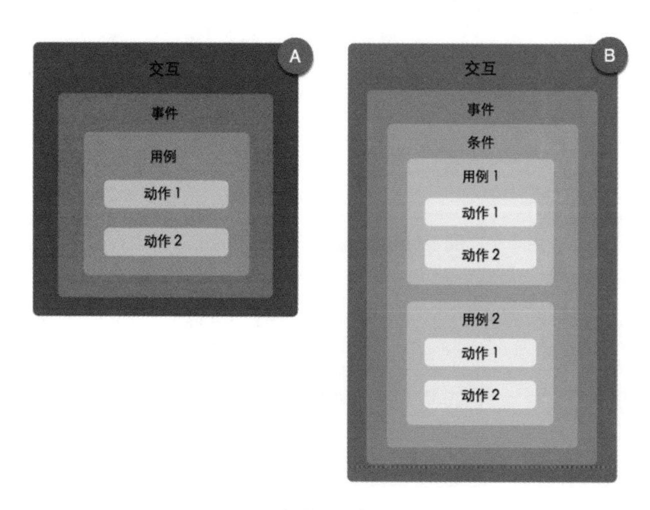

（图 133）

用例通常用于以下两种方式。

■ 每个交互事件中只包含一个用例，用例中可以有一个或多个动作，不包含条件逻辑，如图 130-A。

■ 每个交互事件中包含多个用例，每个用例中又包含一个或多个动作。包含条件逻辑或者手动选择需要执行的交互，见图 130-B。

概括来讲，Axure 中的“用例”可以理解为“动作”的容器，可以帮助我们构建模拟原型中的替代途径。我们制作的原型保真度越高，用到的多用例交互也就越多。

添加用例：在设计区域中选中部件，在【部件交互】面板中可以看到该部件可用的事件。要添加用例，可以双击要使用的事件或者点击该事件，见图 134。在弹出的【用例编辑器】对话框中，你可以选择并设置你想要执行的动作。

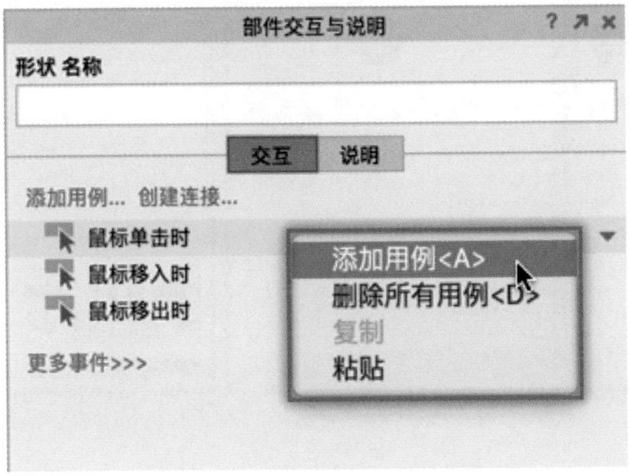

部件交互与说明
形状 名称
交互 说明
添加用例... 创建连接...
鼠标单击时
鼠标移入时
鼠标移出时
更多事件>>>
添加用例<A>
删除所有用例<D>
复制
粘贴

（图 134）

用例编辑器：打开用例编辑器后，见图 135。

第一步：用例说明。你可以编辑用例说明，这里的说明会显示在用例名称中。

第二步：新增动作。点击鼠标新增动作，这里可以新增多个动作。

第三步：组织动作。这里会显示你所添加的动作，每个动作都可以添加多次。动作是按自上至下顺序执行的。比如，你添加的【设置变量值】动作在【打开新页面】动作之后，那么浏览器会先执行打开页面，然后再执行设置变量值的动作。这里的动作顺序是可以调整的，使用鼠标拖动或者右键点击，在弹出的关联菜单中可以调整动作上移 / 下移。

第四步：配置动作。选择动作后，可以对动作进行详细的设置。完成之后，点击【确定】按钮，用例和动作就会出现在部件交互和注释面板中了。

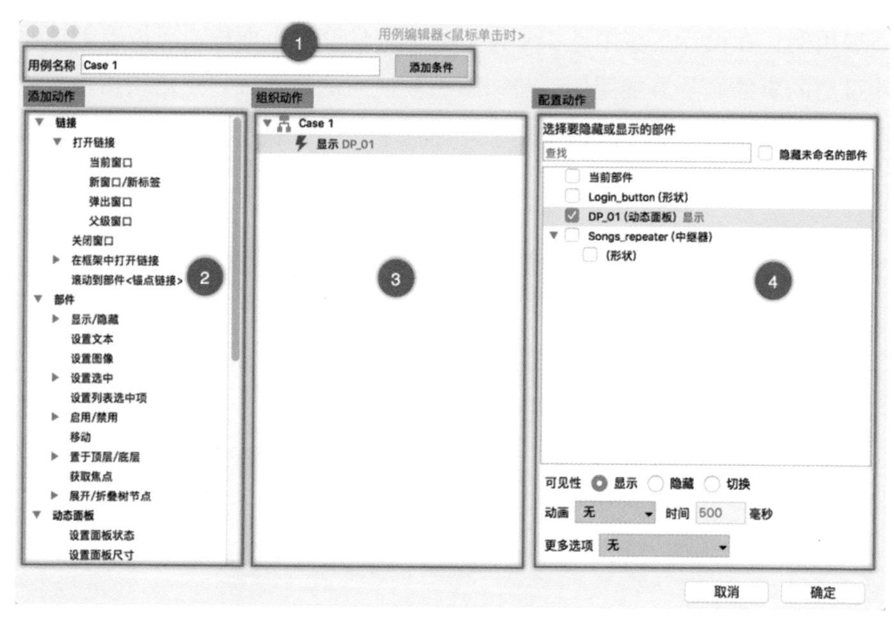

（图 135）

1.4.3　动作

动作是由用例定义的对事件的响应。做个最简单的说明：点击一个按钮部件在当前窗口打开链接 http://www.baidu.com。这个用例中的动作是【在当前窗口打开链接】。

Axure RP7 当前支持以下 6 组动作，如图 136。

- 链接
- 部件
- 动态面板
- 全局变量
- 中继器
- 其他

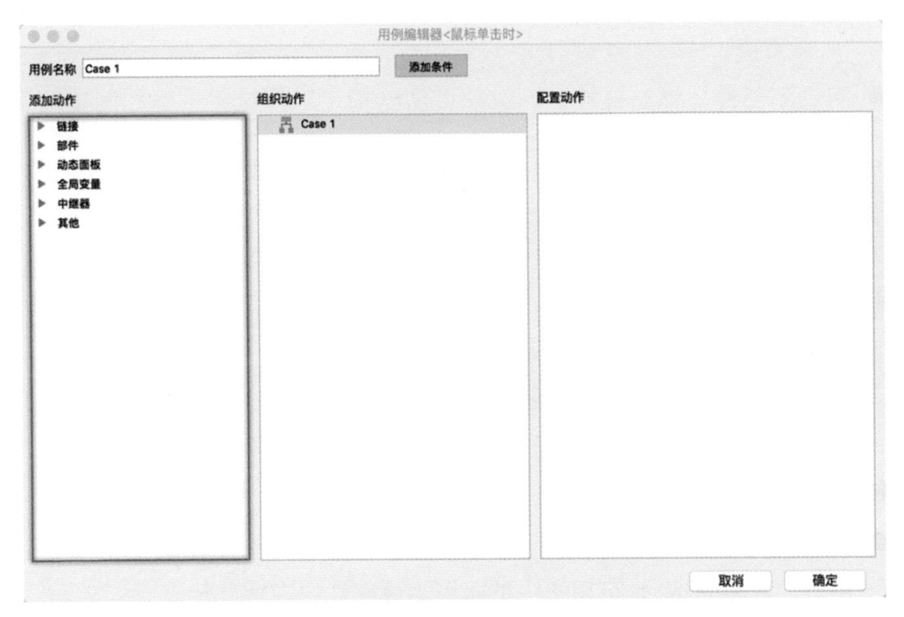

（图 136）

下面是 Axure RP7 中所有可用的动作。

1. 链接

- 打开链接
  - 当前窗口：在当前窗口打开页面或外部链接。
  - 新窗口 / 新标签：在新窗口或新标签中打开页面或外部链接。
  - 弹出窗口：在弹出窗口中打开页面或外部链接，你可以定义弹出窗口的属性和位置（在制作原型时不建议使用该项，因为目前很多主流浏览器都会拦截弹出窗口）。

- 父级窗口：在父窗口中打开页面或外部链接。

- 关闭窗口：关闭当前窗口。
- 在框架中打开链接：
  - 内联框架：在内部框架中加载页面或外部链接。
  - 父级框架：在父框架中打开页面或外部链接，用于在内部框架中加载页面。
- 滚动到部件 < 锚点链接 >：滚动页面到指定部件位置（例如浏览网页时常见的返回顶部）。

2. 部件

- 显示 / 隐藏
  - 显示：将隐藏的部件设置为显示（可见）。
  - 隐藏：将部件设置为隐藏部件（不可见）。
  - 切换可见性：基于部件当前的可见性切换为显示或隐藏。
- 设置文本：改变部件上的文本内容。
- 设置图像：改变图像的不同交互样式（鼠标悬停时、左键按下时、选中时、禁用时）；也可用于中继器中图像部件的内容显示。
- 设置选中
  - 选中：设置部件到其选中的状态。
  - 取消选中：设置部件到取消选中状态（默认状态）。
  - 切换选中状态：根据部件当前的选中状态切进行切换。
- 设置列表选中项：设置下拉列表框 / 列表框部件中的选项。
- 启用 / 禁用
  - 启用：设置部件为活动的 / 可选择的 / 默认的。
  - 禁用：设置部件为禁用的 / 不可选择的。
- 移动：移动部件到指定坐标位置。

■ 置于顶层 / 底层

- 置于顶层：将部件置于页面布局的顶层。
- 置于底层：将部件置于页面布局的底层。

■ 获取焦点：设置光标聚焦在表单部件上（如文本输入框）。

■ 展开 / 折叠树节点

- 展开树节点：展开树部件的节点。
- 折叠树节点：折叠树部件的节点。

3. 动态面板

■ 设置面板状态：将动态面板切换到指定状态。

■ 设置面板尺寸：设置动态面板尺寸，并且可以设置尺寸改变时的动画，见图 137。

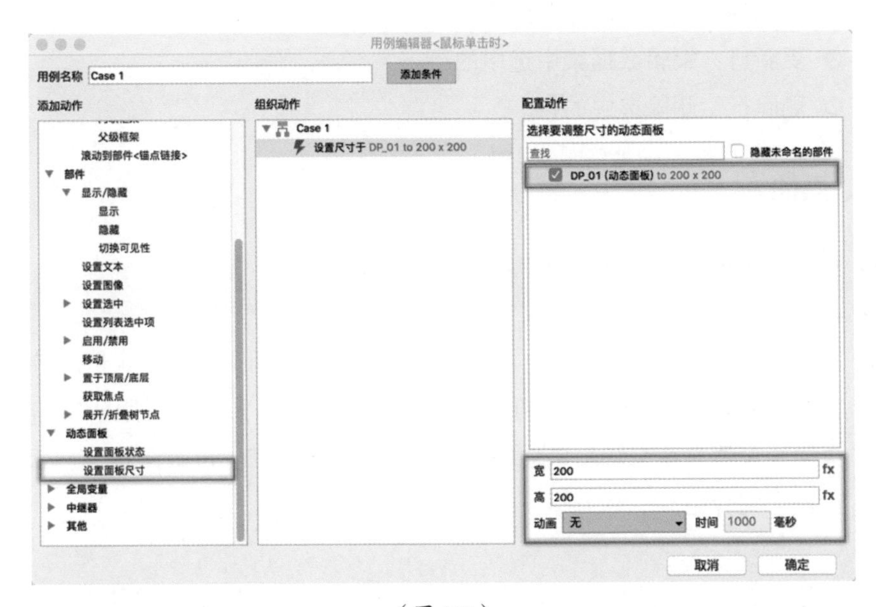

（图 137）

4. 全局变量

■ 设置变量值：设置一个或多个变量或 / 和部件的值（例如，一个部件的文本值）。

5. 中继器

- 添加排序：使用查询对数据集中的项排序。
- 移除排序：移除所有排序。
- 添加筛选：使用查询过滤数据集中的项。
- 移除筛选：删除所有过滤器。
- 设置当前显示页面：使用分页时显示指定的页面。
- 设置每页项目数量：使用分页时设置每页显示中继器项的数目。
- 数据集
    - 新增行：添加一行数据到数据集。
    - 标记行：选择数据集中的数据行。
    - 取消标记行：取消选择数据行。
    - 更新行：编辑数据集中选中的行。
    - 删除行：删除选中的行。

6. 其他

- 等待：按指定时间延迟动作，1 秒 =1000 毫秒。
- 其他：在弹出窗口中显示文字描述。
- 触发事件：在 Axure RP7 中，只有母版中的部件拥有该事件。母版自定义触发事件可以与母版中部件的触发事件绑定，并在该母版所影响的页面中设置自定义触发事件的动作。该部分内容在“母版详解”一章中进行详细介绍。

第2章

母版详解

该章节内容可参考视频教程基础篇【14 成为母版大师】。

母版可用来创建可重复使用的资源和管理全局变化，是整个项目中重复使用的部件容器。用来创建母版的常用元素有：页头、页脚、导航、模板和广告等。母版的强大之处在于，你可以在任何页面轻松地使用母版，而不需要再次制作或复制粘贴，并且可以在【母版面板】对母版进行统一管理。对母版的任何修改提交后，其他页面中所使用的相同的母版都会同时改变。你还可以使用多个母版并将其添加到任何页面上。比如，你创建了一个全局导航菜单并将其放在了多个页面中，但是你想在全局导航菜单中添加一个【最新团购】栏目，为此你可以直接编辑母版，在全局导航菜单母版中添加这个栏目，所有页面中的全局导航菜单母版也将同步发生改变。当每个页面中有大量相同重复的部件时，使用母版能够节省时间，提高效率。

2.1　创建母版的两种方法

1. 在【母版面板】中点击【新增母版】小图标，给新增的母版命名，双击该母版进入编辑状态，见图 1。

2. 在设计区域中选中要转换为母版的部件，然后点击右键，在弹出的关联菜单中选择【转换为母版】，见图 2。在弹出对话框中设置母版的名称，还可以选择母版的拖放行为，后面的内容中会详细介绍。

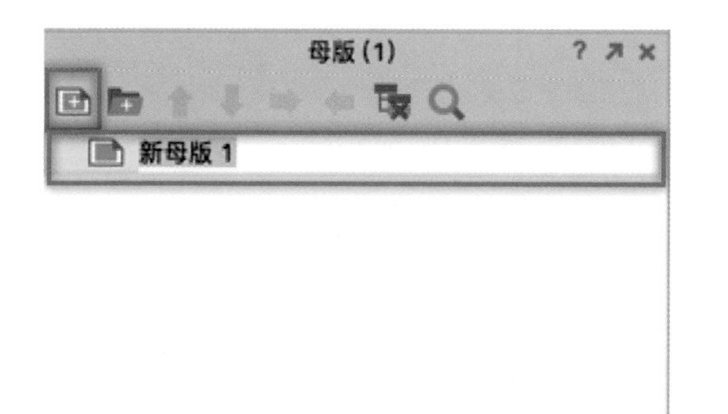

（图 1）

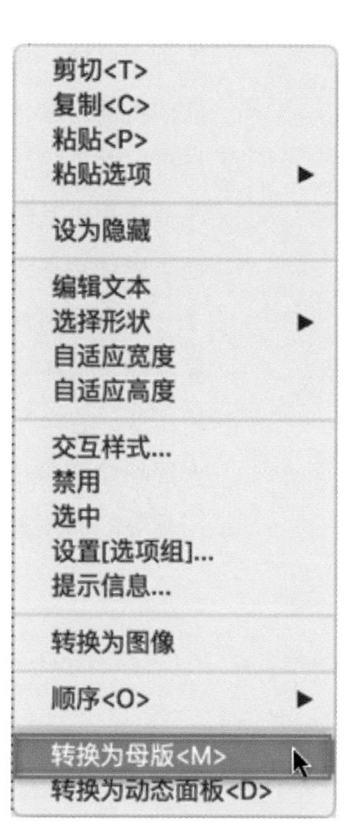

（图 2）

2.2　使用母版

使用【母版】面板对母版进行管理，见图 3。

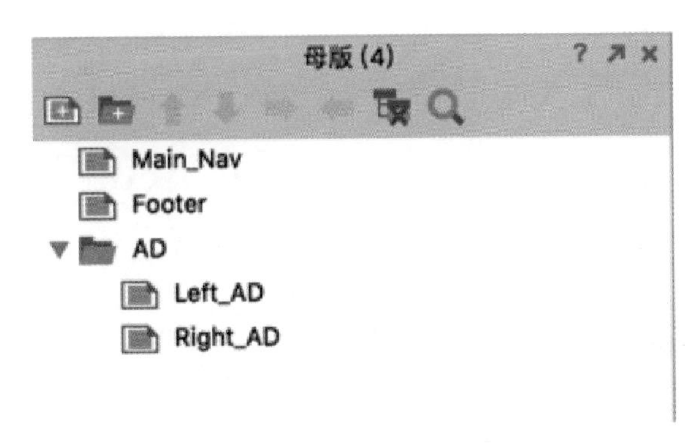

（图 3）

- 在【母版】面板中，你可以对母版进行添加、删除、排序等管理。
- 要对母版重新命名，请慢速双击母版，或者点击右键选择【重命名】。
- 删除母版，点击选中母版，并点击右键选择【删除】。
- 拖动母版或点击右键选择【移动】可以对母版进行排序。
- 母版面板还可以添加文件夹，与站点地图相似，母版还可以新增子母版。

添加母版到设计区域中。

- 拖放：拖放母版到设计区域中即可，就像操作部件一样。
- 批量添加 / 删除：右键点击母版，选择【添加到页面中…】，在弹出的【添加母版到页面中】对话框选择想要添加母版的页面，见图 4。右键点击母版，选择【从页面删除…】，可以在页面中批量删除母版，见图 5。
- 母版蒙版：将母版拖放到设计区域后，母版上会覆盖一层粉红色的蒙版，这是为了让我们快速区分设计区域中哪些元素是母版。不过，你可以点击菜单中的【视图 > 蒙版】，取消显示这层粉红色的遮罩。同样，在这里你还可以给动态面板、中继器、热点、文本链接和隐藏对象取消 / 添加蒙版，见图 6。

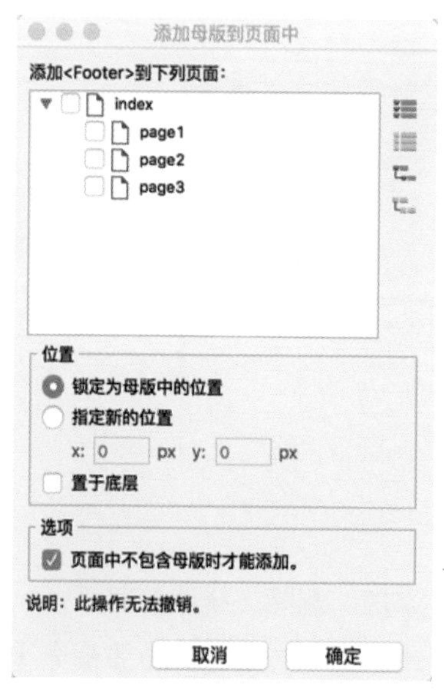

（图 4）

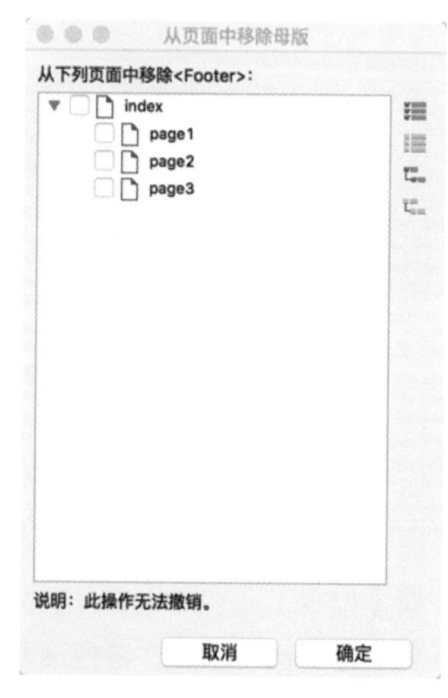

（图 5）

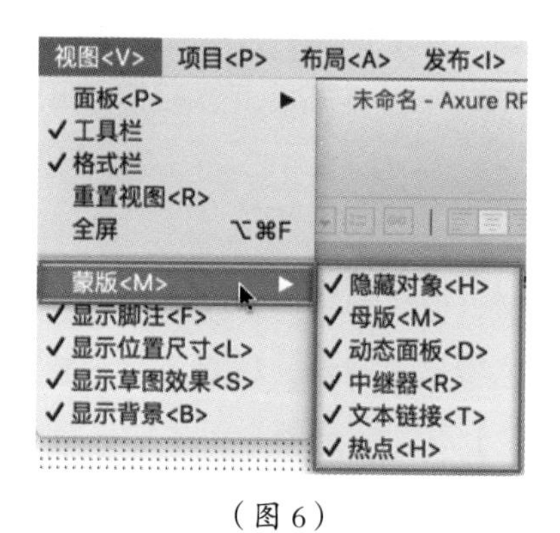

（图 6）

2.3　母版的拖放行为

母版有三种不同的拖放行为。

- 任意位置：当拖动母版到设计区域时，你可以将母版自由放置于任何位置。
- 固定位置：当拖动母版到设计区域时，母版会被自动锁定到母版内容所处的位置。

■ 脱离母版：当拖动母版到设计区域时，该元素会与母版脱离关系，变成可以编辑的部件。

在【母版】面板中，不同行为的母版拥有不同样式的缩略图，见图 7。

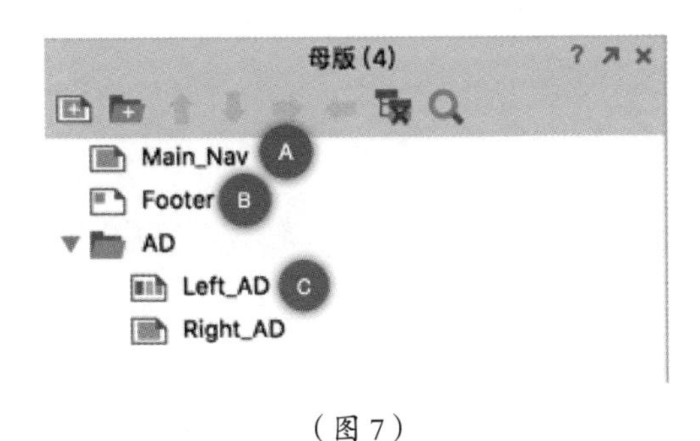

（图 7）

A：任意位置
B：固定位置
C：脱离母版

要改变母版行为，在【母版】面板中右键点击母版，在弹出的关联菜单中选择【拖放行为】，然后在下一级子菜单中进行选择，见图 8。你可以随时在设计区域中右键点击母版，在弹出的关联菜单中修改母版行为，这只会影响到当前选中的母版。

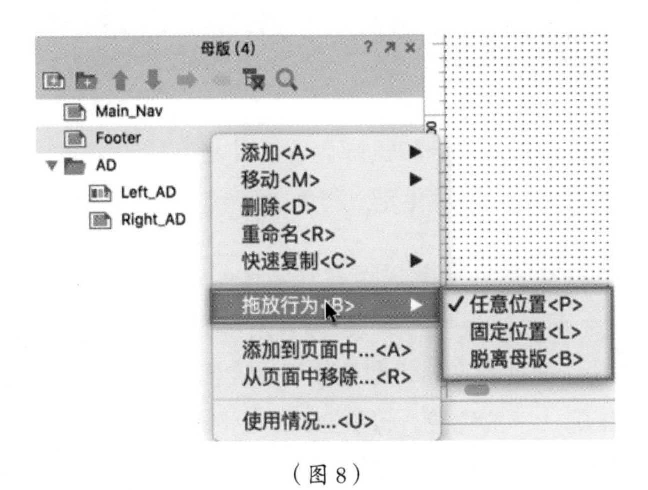

（图 8）

母版在原型中的应用

在制作原型的过程中，母版常用于创建可重复使用的资源和管理全局变化，现在就以页头、页脚为例详细介绍一下母版的应用。

第一步：使用 Axure 内建部件创建如图 9 所示内容，为了便于演示，将页头内容放置于坐标 X:0；Y:0；页脚内容放置于坐标 X:0，Y:500。

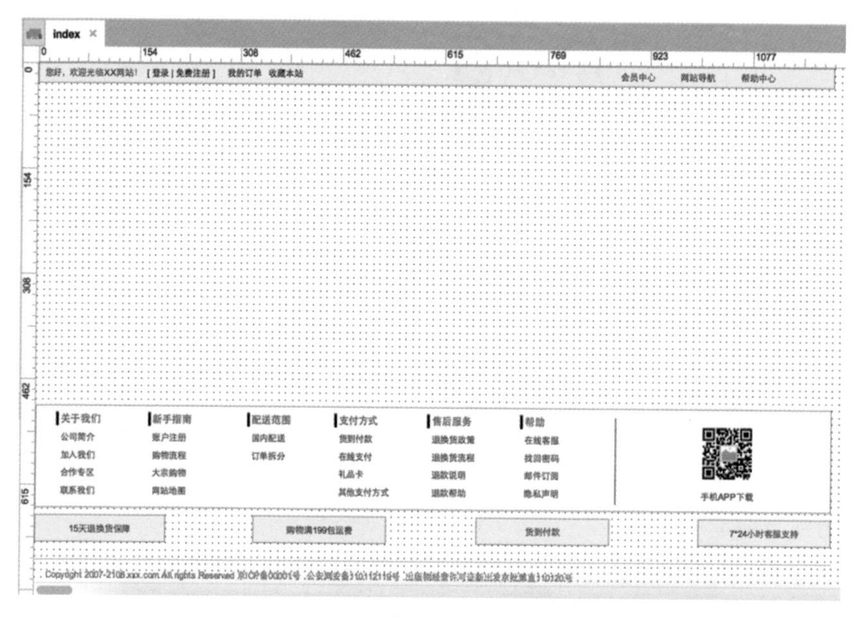

（图 9）

第二步：分别选中页头内容和页脚内容，并将其转换为母版，在弹出的【转换为母版】对话框中，将【拖放行为】设置为【固定位置】，见图 10。

第三步：在【站点地图】面板中双击 page1，并在【母版】面板中将 header 和 footer 两个面板拖放到设计区域，同样的操作，分别给 page2、page3 添加这两个母版。在将母版拖放至设计区域时，母版 header 会自动“跑”到坐标（0，0）的位置，母版 footer 会自动“跑”到坐标（0，500）的位置，这是因为在创建母版时选择了【固定位置】。

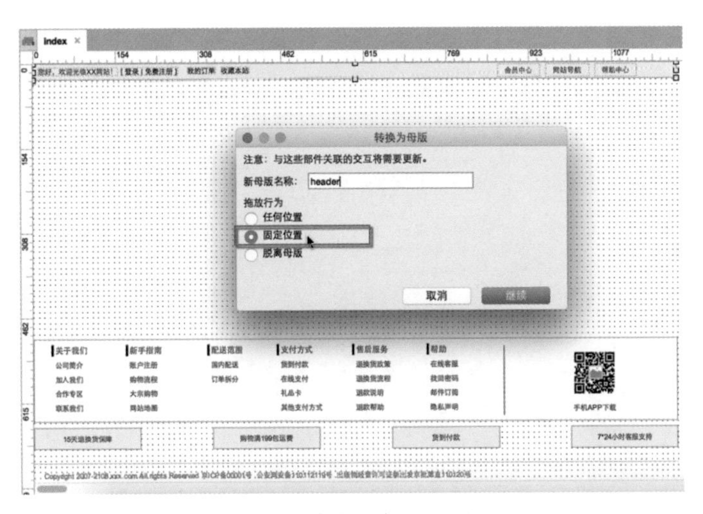

（图 10）

第四步：现在我们要对 footer 中的内容进行修改，比如将【15 天退换货保障】修改为【30 天退换货保障】，只需在任意页面的设计区域中双击母版 footer 的内容，或者在【母版】面板中双击 footer，进入母版的编辑状态进行修改即可，见图 11，其他所有页面中 footer 的内容也会同步修改。

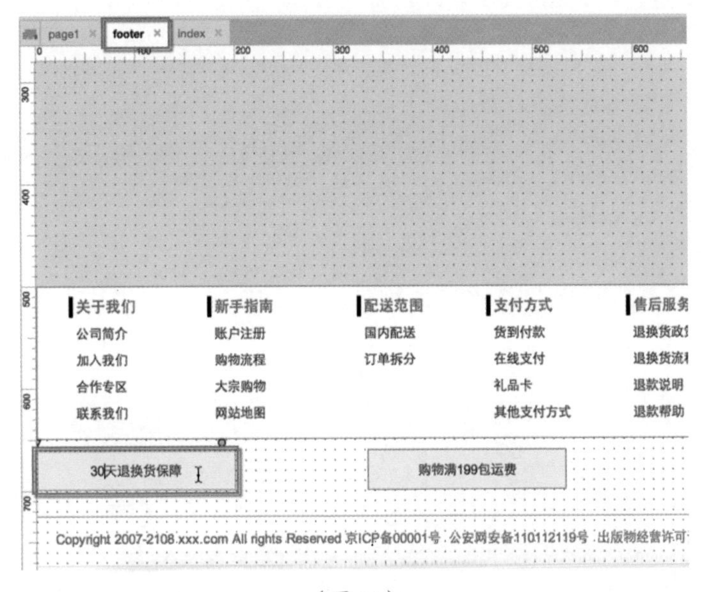

（图 11）

至此，母版的常见操作介绍完毕，在现实工作中，母版中的某些元素经常会添加交互，如鼠标悬停时改变交互样式、点击登录按钮弹出会员登录注册模块等。

第3章

动态面板高级应用

由于该章节对动态面板部件的讲解中包含案例较多，使用文字和图像进行介绍比较生涩，而且读者看起来也比较费解，因此将该部分内容录制到视频中，各位读者可参考视频教程，基础篇中的：

【15 动态面板进阶】

【16 动态面板案例 - 图片轮播、弹出菜单、手风琴菜单、标签控制】

【17 动态面板案例 - 视频，图片灯箱效果、图片拖曳效果、自动轮播广告】

在使用 Axure 制作原型的过程中，动态面板部件是使用频率最高的部件，很多高级交互都必须结合动态面板才能实现。

3.1　动态面板事件

在动态面板中，有几个特定事件：状态改变时、拖动开始时、拖动时、拖动结束时、向左 / 右 / 上 / 下拖动结束时、滚动时、调整尺寸时。这些事件中的一些是由你创建的动作触发的，比如显示或移动动态面板。你可以使用这些事件来创建高级交互，比如展开折叠区域（如手风琴菜单效果）或者轮播广告。使用拖动事件可以制作拖放交互效果，并且可以在拖放开始时、正在拖放时和拖放结束时触发你想要的其他交互。

3.1.1　状态改变时

动态面板的【状态改变时】事件是由【设置面板状态】这个动作触发的。这个事件经常用来触发面板状态改变的一连串交互。

3.1.2　拖动时

拖动事件是由面板的拖动或者鼠标或手指快速点击、拖动、释放而触发的。这个事件通常用于 APP 原型中的幻灯和导航。最常见的使用方法是配合【设置面板状态】到【下一个 / 上一个】，比如应用程序中的幻灯轮播交互。

3.1.3　滚动时

动态面板的滚动事件是由动态面板滚动栏的滚动所触发的。要触发特定的滚动位置交互，你可以添加条件，如 [[this.ScrollX]] 和 [[this.ScrollY]]。举个简单例子，如果动态面板 Y 轴滚动距离大于 200 像素，就隐藏动态面板，if[[this.ScrollY]]>200，then hide dynamic panel。

3.2　拖动事件

开始拖动时、正在拖动时、拖动结束时，通过这三个事件，你可以在拖动的每个阶段添加交互。如果想让一个部件或者一组部件都能够被拖动，就把它们放入动态面板中。

■ 拖动开始时：发生在面板拖动动作刚刚触发时。
■ 拖动时：发生在面板拖动的过程中。
■ 拖动结束时：发生在面板拖动结束时。

第4章

流程图

该章节内容可参考视频教程基础篇【19 流程图】。

在 Axure 中使用流程图来表达思路是一种极好的沟通方法，虽然一些流程图形状的意义是存在公约的，但是 Axure 并不限制它们的使用。一般来说，使用它们的最好方式，就是让你的沟通对象理解它们的意思。

4.1 流程图概述

在 Axure 中使用流程图可以对各种过程进行交流，包括用例、页面流程和业务流程，正如笔者在前面章节中解释页面事件和部件事件时所表达的那样。很多人使用流程图来表达不同页面间的交互与层级关系。在流程中不同的形状可以代表不同的步骤。

4.2 创建流程图

4.2.1 流程图形状

在 Axure RP7 中，只有流程图部件可以使用连接线进行连接。要查看流程图形状，在【部件面板】的下拉列表中选择【Flow 部件库】。使用方法与默认部件库一样，拖放它们到设计区域中，见图 1。

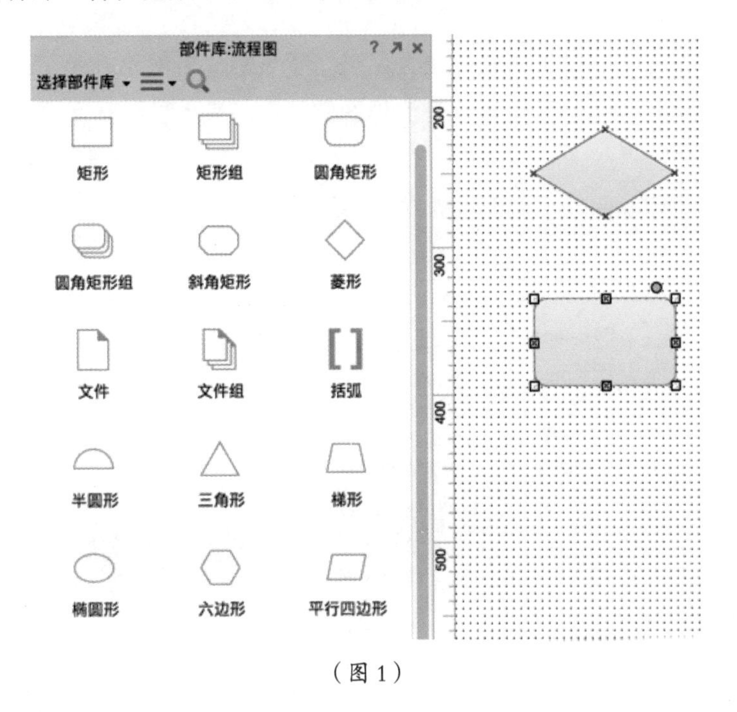

（图 1）

4.2.2　连接线模式

在给不同的流程图形状添加连接线之前，必须将选择模式改变为连接线模式。在工具栏中点击【连接线模式】小图标，见图 2。

（图 2）

4.2.3　将页面标记为流程图类型

页面流程图是使用站点地图中的页面进行管理的。虽然这并不是必要的操作，但这样做有助于我们将含有流程图的页面与其他页面区分开来。要将页面标记为流程图，右键点击该页面，选择【图表类型 > 流程图】，见图 3，该页的小图标就变成了流程图的样式，见图 4。

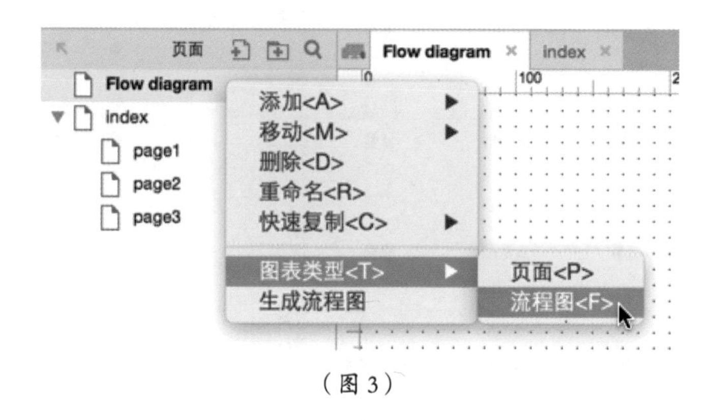

（图 3）

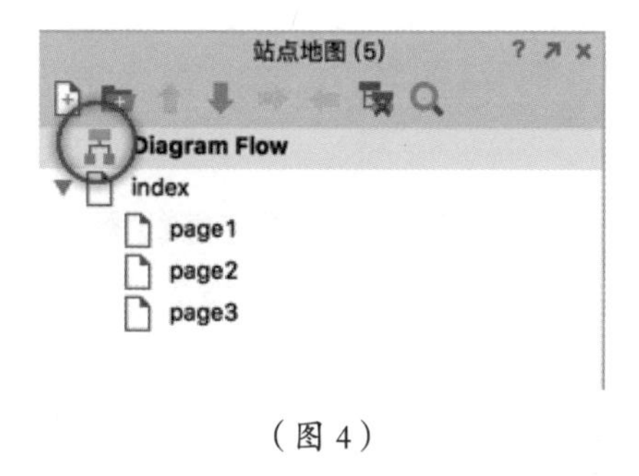

（图 4）

4.2.4 连接线的使用

要连接流程图中的不同形状，首先将选择模式改为连接线模式，然后鼠标指向流程图部件上的一个连接点，并点击拖曳，当连接到另一个流程图部件的连接点后，松开鼠标。要改变连接线的箭头形状，选中连接线，并在工具栏中选择箭头形状，也可以修改连接线的线宽和颜色，见图 5。

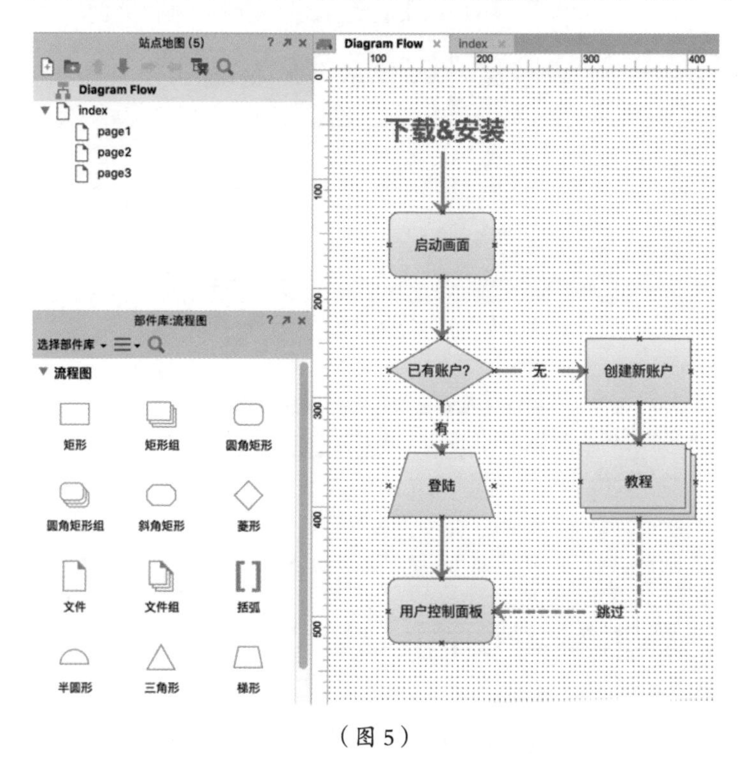

（图 5）

4.2.5　给连接线编辑文字

在绘制流程图时，很多情况下都需要给连接线添加提示文字，如果拖放一个标签部件到连接线上，会导致连接线重新排版，见图 6。正确的方法是双击连接线后再输入文字即可。

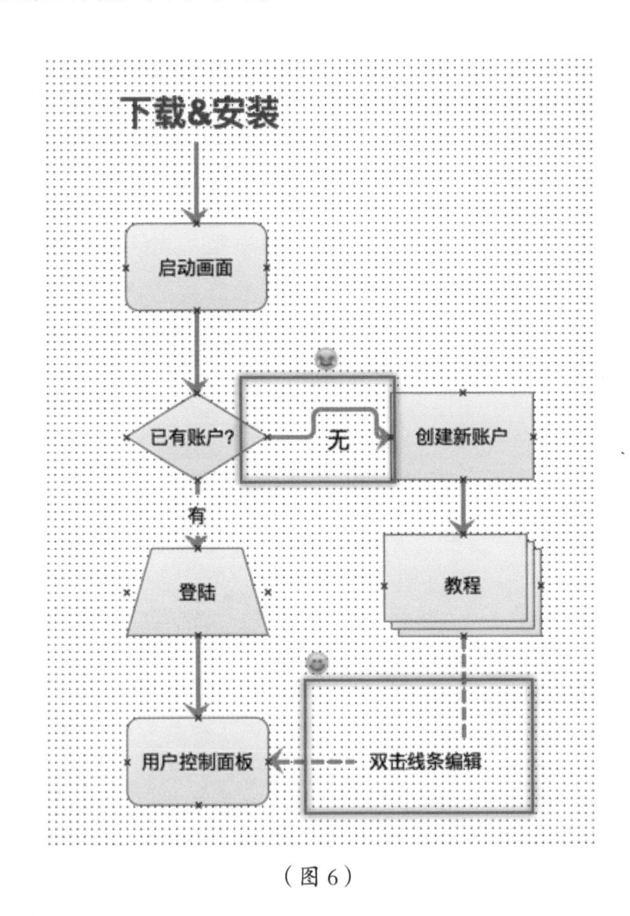

（图 6）

4.3　添加参考页面

给流程形状添加参考页面后，当点击流程图形状后就会跳转到站点地图中的指定页面。如果改变了站点地图中页面的名字，那么流程形状上的文本也对应变化，这对流程图页面来说非常有用。点击流程形状会自动跳转到指定的参照页，无需添加事件。

要给流程形状指定参考页面，右键点击该形状，并选择【参考页面】，或者在【部件属性】面板中进行设置，然后在弹出的【参考页面】对话框中选择对应的页面，点击“确定”。还可以在站点地图中直接拖放一个页面到设计区域，创建一个流程部件的引用页，见图 7。

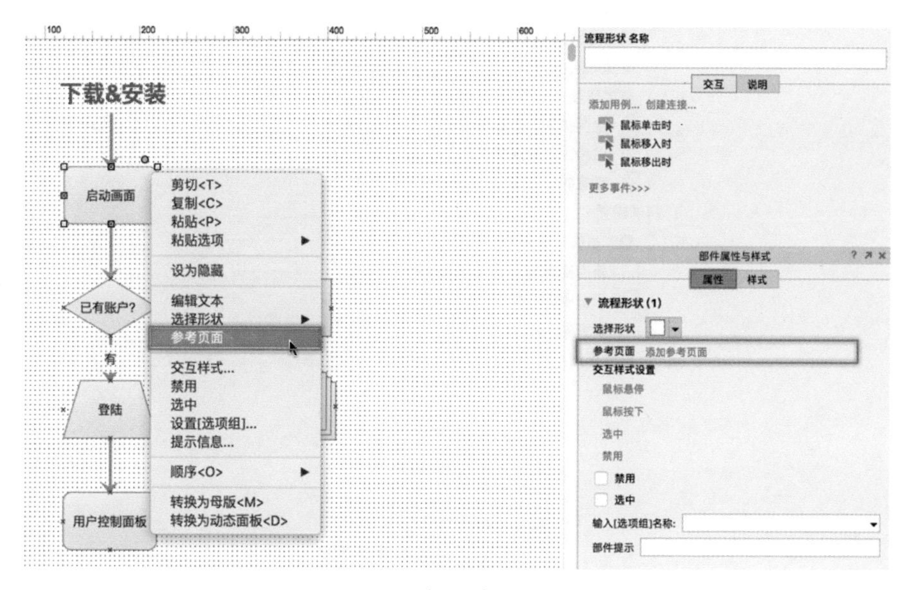

（图 7）

4.4　生成流程图

要生成基于站点地图层级关系的流程图，首先打开想要生成流程图的页面（比如要将流程图放置于 Flow diagram 页面，就先双击该页面），然后选择想要生成流程图的站点地图的分支的根页面，再点击右键，选择【生成流程图】。在弹出对话框中，可以选择水平生成或者垂直生成，这会根据你的页面分支自动创建流程图，见图 8。

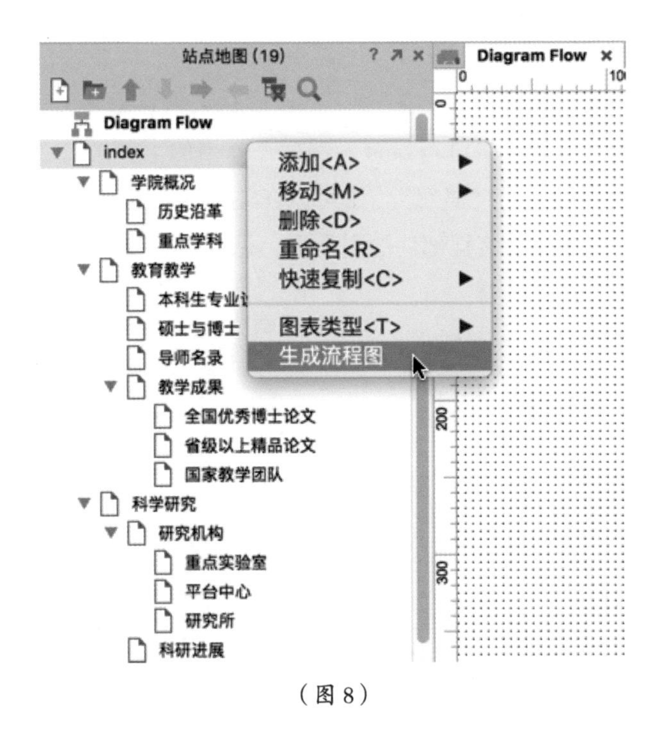

（图 8）

第5章

自定义部件库

该章节内容可参考视频教程，基础篇【23 自定义部件库】。

自定义部件库功能允许用户创建属于自己的部件，如图标、按钮或导航等，并且可以直接在【部件面板】中加载使用它们。设计规模较大的项目时，在团队中共享自定义部件库可大幅度提升工作效率。

5.1　自定义部件库概述

自定义部件库功能允许你创建自己的部件，如图标、不同样式的按钮和品牌元素等，并且可以直接在【部件面板】中加载使用它们。自定义部件库是独立的 .rplib 文件（与 .rp 文件不同），你可以很方便地与团队成员或其他 Axure 用户共享，见图 1。

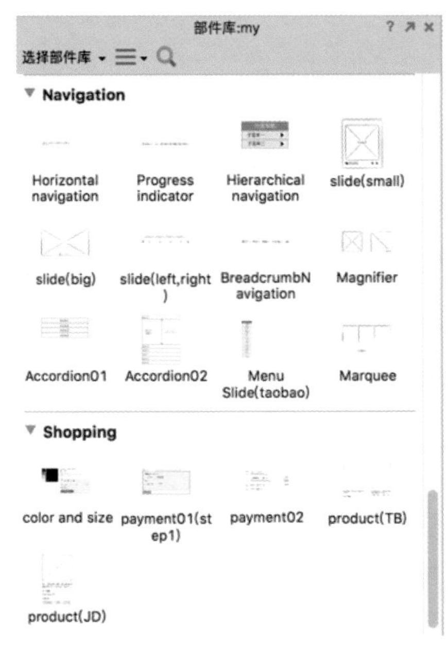

（图 1）

5.2　加载和创建自定义部件库

- 载入部件库：要载入自定义部件库，在部件面板中点击汉堡包图标，选择【载入部件库】，然后浏览定位 .rplib 文件即可。载入部件库后就会出现在【部件面板】中了，你可以像操作默认部件那样，拖放它们到设计区域开始设计。除此之外，还可以对载入的自定义部件库进行编辑，或者卸载不需要的部件库，见图 2。

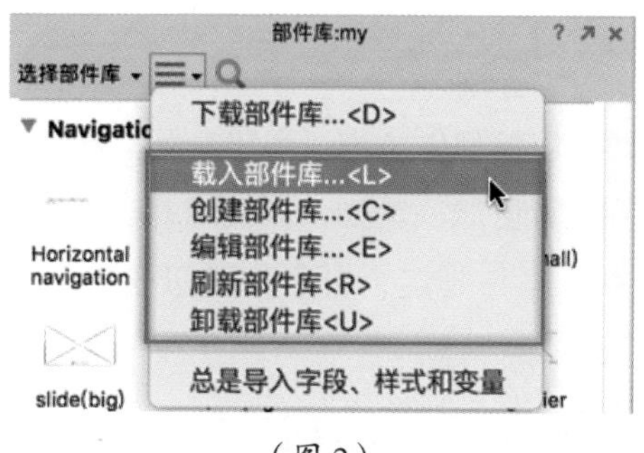

（图 2）

■ 创建部件库：要创建自定义部件库，在【部件面板】工具栏中点击【汉堡包】菜单，然后在下拉列表中选择【创建部件库】，给要创建的部件库指定本地路径位置，并给 .rplib 文件命名，见图 3。点击【保存】按钮后会打开第二个 Axure 软件窗口，你可以在【部件面板】中添加、删除和管理部件。你还可以使用已有的部件来创建你自己的部件库，操作方法和平时在设计区域操作部件一样。

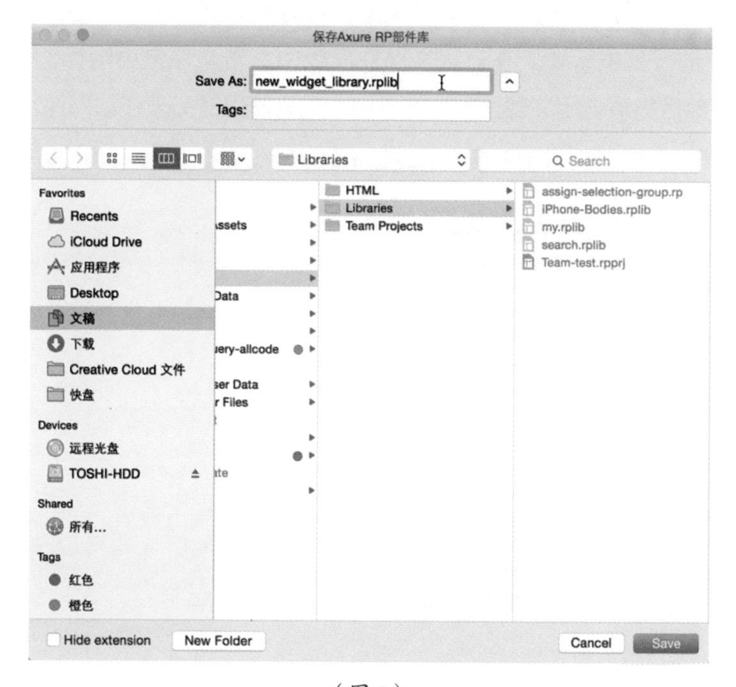

（图 3）

5.2.1　添加注释和交互

创建自定义部件库时可以给部件添加注释和交互，当你使用该部件时，注释和交互也会被添加到设计区域。比如，你使用动态面板创建了一个有开 / 关切换交互效果的按钮，当你把这个自定义按钮拖入设计区域中时，它依然带有你设计好的交互效果。

> 小提示：要想让创建的自定义部件是组合形式的，请在创建自定义部件的时候将部件选中并设置为组合即可。要查看或使用制作好的自定义部件库，点击【文件 > 保存】，然后回到另一个 Axure 程序，在【部件面板】的下拉列表中选择刚刚创建的部件库就可以了。

5.2.2　组织部件库到文件夹

与在【站点地图】面板中组织管理页面一样，自定义部件也可以添加到不同文件夹中进行分类管理。在自定义部件面板中点击文件夹小图标，可以添加文件夹，然后拖放自定义部件到文件夹中，或者使用箭头来移动部件，见图 4。

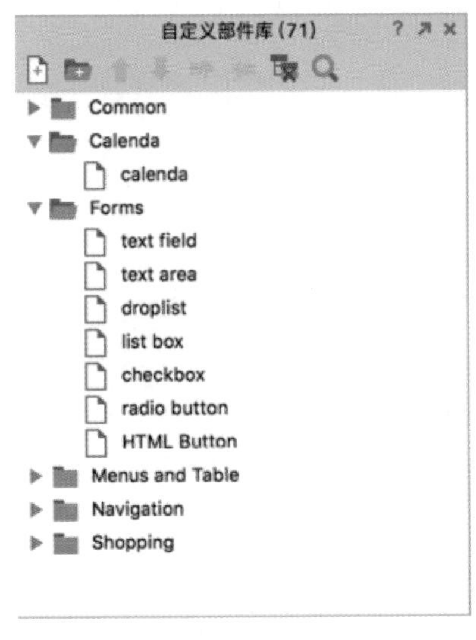

（图 4）

5.2.3 使用自定义样式

自定义部件可以被指定自定义样式。设计自定义部件时，和操作默认部件一样，可以给部件填充颜色、边框、字体、阴影等样式。当自定义部件添加到项目中时，它的样式也被同步导入项目文件中，见图 5。

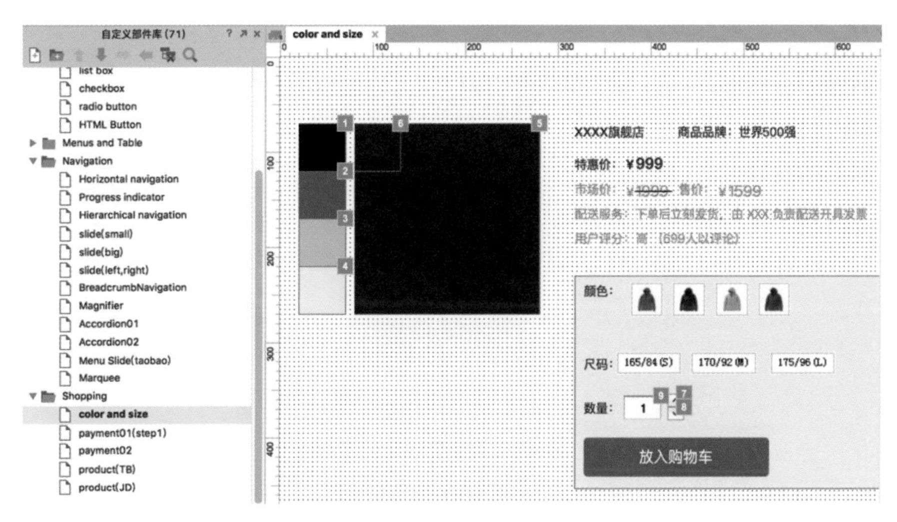

（图 5）

5.2.4 编辑自定义部件属性

在创建自定义部件库时，可以编辑自定义部件属性，如部件的小图标、描述和注释。

在 Axure RP7 中，要给自定义部件添加图标和注释，通过设计区域底部的【部件属性】和【部件说明】选项卡进行设置即可，见图 6。

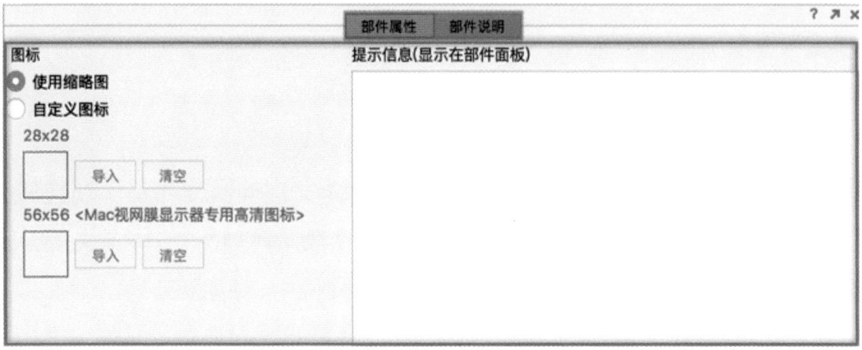

部件属性　部件说明

图标

使用缩略图

自定义图标

28x28

导入　清空

56x56 <Mac视网膜显示器专用高清图标>

导入　清空

提示信息(显示在部件面板)

（图 6）

第6章

高级交互

若要驾驭 Axure 这款工具，随心所欲地制作你想要的原型，高级交互部分一定要付出百分百的努力与耐心。由于该章节内容对于 Axure 的高级操作非常重要，为了便于各位读者学起来更加容易，除了使用文字和图像来详细讲每个基础知识点以外，还录制了多节视频供各位读者学习参考，详见视频教程基础篇中的：

- 【24 高级交互 - 条件逻辑和案例一用户登录】
- 【25 高级交互 - 案例二自动切换输入框焦点】
- 【26 高级交互 - 案例三四五条款和条件，下拉列表选项，必填项】
- 【27 高级交互 - 设置部件值】
- 【28 高级交互 - 创建数学和字符串表达式】
- 【29 高级交互 - 变量，Axure 内置函数，运算符和案例】

6.1　条件逻辑

到目前为止，你已经熟悉了 Axure 中交互的构成和用例编辑器的操作，只需新增动作并恰当配置动作就可以构建交互，而你唯一要输入的内容只有部件名称和用例名称（当你更加熟悉 Axure 之后，甚至用例名称也可以不用写了）。使用条件生成器或者制作拖放交互时，你会发现操作方法也很简单，并没有想象中那样复杂。当你在原型中使用条件逻辑时，你为工作节省了大量开支，因为你可以通过多种方法重复使用已经制作好的条件逻辑模式。逻辑无处不在，我们本身就生活在逻辑中，即使有些结果并不符合逻辑。而在计算机科学和交互设计中，条件逻辑必须适应各种业务规则和例外情况。在我们日常使用的很多软件中都包含着条件逻辑，比如百度高级搜索（网址：http://www.baidu.com/gaoji/advanced.html），见图 1。

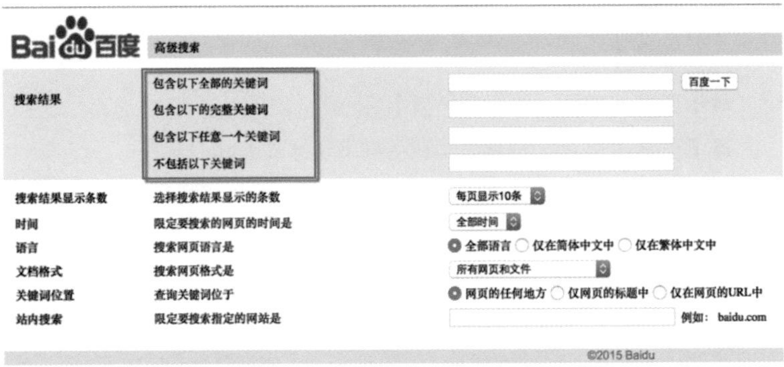

（图 1）

■ If-Then-Else

If-Then-Else 语句是最常见的逻辑，用于整个设计过程中，帮助捕捉各种影响系统和用户的行为规则与交互模式。大约 2300 年前，古希腊的亚里士多德发明了逻辑（又称三段论），这条抽象推理至今深刻影响着我们的生活和数字世界。在 Axure 中，良好的用例说明可以将条件流程清晰地表达出来，这样也利于维护和更新。如果你想让原型将用例正确地表达出来，在用例中定义条件逻辑是必不可少的操作。举例来说吧，假如想要一张水果的图像，点击下拉列表可以选择我们想要显示的水果，你就可以创建一个每个状态中都含有不同水果的动态面板。当下拉列表的选项改变时，你就可以在用例中定义条件逻辑（如果选中的项 = 苹果）就设置相应的动态面板状态显示苹果的图像。

下面用一个简单的小案例详细描述，当下图的文本输入框部件失去焦点时，如果文本框中输入的值等于【Axure】，就打开页面 page1；如果文本输入框中输入的值不等于【Axure】，就打开 page2，见图 2。在 Axure 中，实现这个交互的条件用例如图 3。

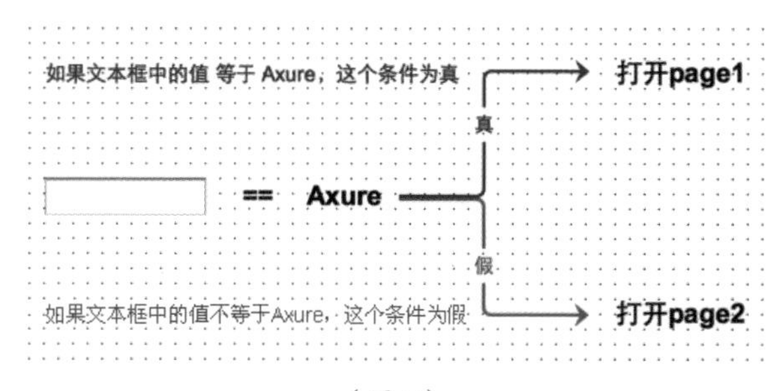

（图 2）

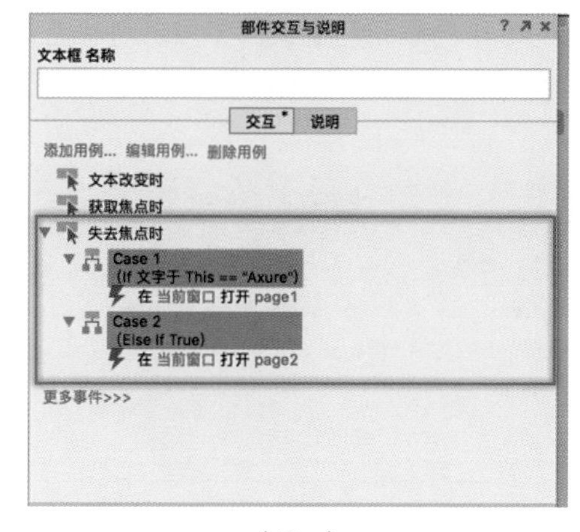

（图 3）

■ And / Or

And 和 Or 是条件运算符，用于连接两个或两个以上的句子来创造有意义的复合语句。当有多种情况需要评估时，使用复合语句来确定到底执行哪个动作。

例如，当用户执行会员登录动作时，我们判断用户输入的用户名和密码是否正确。如果（If）用户名 ==Axure，并且（And）密码 ==Axure，Then 显示登录成功；否则，显示登录失败，下面在 Axure 中实现这个交互。

> 小提示：在 Axure 中“=”与“==”是不同的。
>
> 等号是设置值，比如 X=8 ，这是将 X 的值设置为 8。
>
> 双等号是判断值，比如 X==8，这通常用于判断 X 的值如果等于 8。

6.1.1　交互和条件逻辑

1. 条件编辑器

要添加条件到交互中，首先要在【部件交互】面板下双击要触发的事件并添加用例。在弹出的【用例编辑器】顶部（用例名称右侧）点击【新增条件】，打开【条件编辑器】对话框，见图 4。

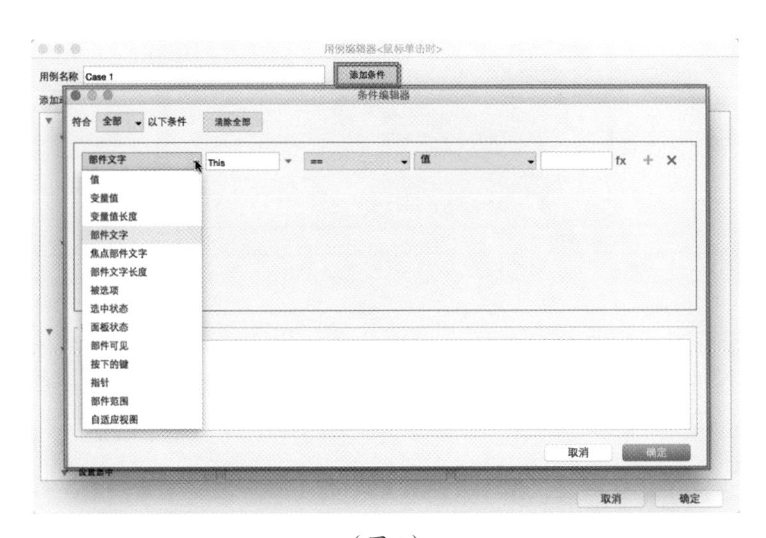

（图 4）

条件生成器允许你创建条件表达式，例如，如果下拉列表框部件的选项 == 苹果 ，就显示一张苹果的图像"，这句话的前半句就是一个条件表达式，后半句是满足条件后会触发的动作。

使用【条件编辑器】中下拉列表和输入框，可以轻松创建需要的条件。如果你对条件表达式的创建不太明白，有一个非常简单的办法，就是把表达式拆成三部分来看：表达式两边你要对比的两个项，中间是要对比的类型。换句话说就是 [一个值]+[怎样对比]+[另一个值] ，见图 5。每一行条件表达式的第一个和第二个项分别是值的类型和特定的部件或者是你要检查的变量。第三项是要对比的类型，比如等于、不等于、大于、小于、是、不是 ... 第四项和第五项是你要对比的指定部件和值的类型。

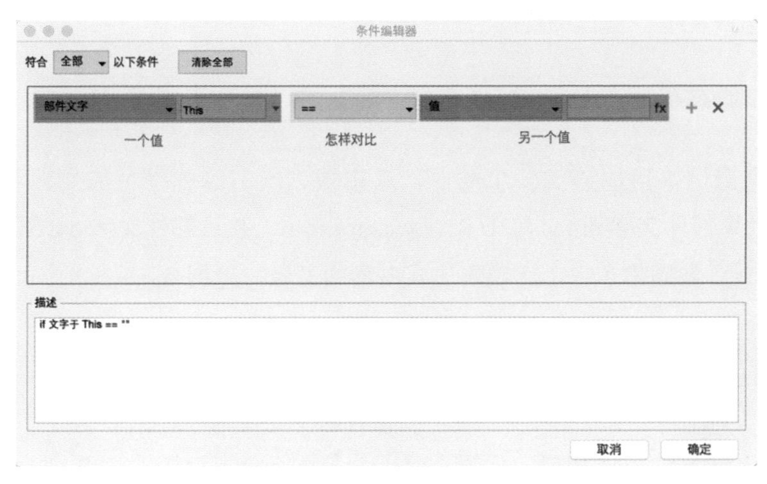

（图 5）

2. 条件

下面是 Axure RP7 中所有可用的条件列表，你可以建立基于以下类型的值的条件。

- 值：文本 / 数字的值或变量。
- 变量值：存储在变量中的当前值。

- 变量值长度：一个变量的值的字符数。
- 部件文字：部件中的文字。
- 焦点部件文字：光标焦点所在部件上的文字 。
- 部件文字长度：部件中文本的字符数。
- 被选项：下拉列表或列表选择框被选中的项。
- 选中状态：检测复选框或单选按钮是否选中，或者一个部件是否是选中状态。
- 面板状态：动态面板的当前状态。
- 部件可见性：部件当前状态是可见还是隐藏。
- 按下的键：键盘上按下的键或组合。
- 鼠标指针：拖放过程中鼠标指针（光标）的位置。
- 部件范围：部件之间是否接触（通常用于部件拖放时）。
- 自适应视图：自适应视图当前的视图。

3. 创建条件

在一个用例中可以添加多个条件，点击表达式右侧的绿色加号即可。比如，如果部件文字 email 等于 ilove@axure.com，并且部件文字 password 等于 axure。要删除条件，点击表达式右侧的叉号，见图 6。

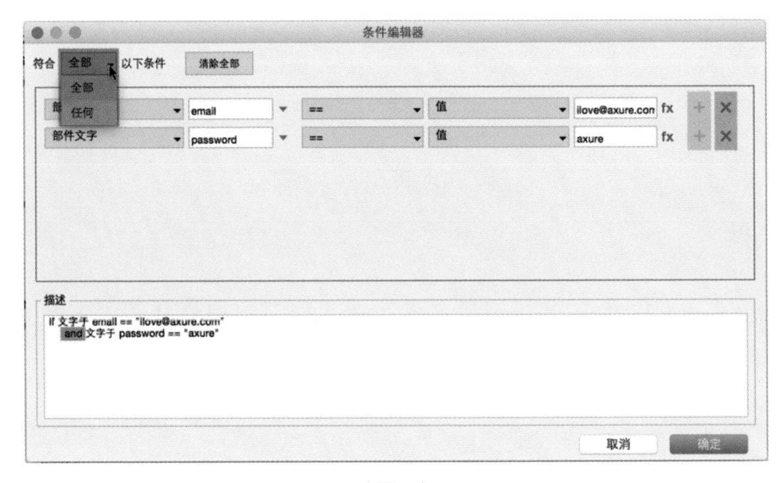

（图 6）

如果所有的条件都必须同时满足（用例表达式描述中是 and），在条件生成器左上角的下拉列表中选择【符合全部以下】条件。如果只需要满足条件中的任何一个（用例表达式描述中是 or），在条件生成器左上角的下拉列表中选择【符合任何以下】条件。默认情况下，条件表达式被设置为【符合全部以下】条件。条件设置完毕之后，点击【确定】按钮回到【用例编辑器】中，选择当条件能够满足的情况下想要执行的动作。比如，如果部件文字 email 是 ilove@axure.com，and 部件文字 password 是 axure，就执行在新页面打开 page1 的动作。

6.1.2 多条件用例

一个事件下可以添加多个含有条件用例。举个简单的例子，有一个下拉列表框，其中包含的列表项是不同的水果，你可以给【当选项改变时】事件添加多个带有条件的用例，来判断不同的下拉列表项，并执行相应的动作。默认情况下，每个用例都是【Else If】的语句。如果添加一个没有条件的用例，它将会是【Else If True】语句。在原型中，用例是按自上至下顺序执行的。你也可以设置让每个满足条件的用例都执行。要让每个用例都执行，你需要在【部件交互】面板中右键点击用例，并选择【切换为 <If>/<Else If>】。将 Else If 切换到 If 条件，见图 7。例如，在一个用户注册模块中，对每个文本输入框进行单独验证。当点击注册按钮时，你可以为每个输入框添加 If 结构的条件用例，如果不符合条件，用例就动态显示错误提示。

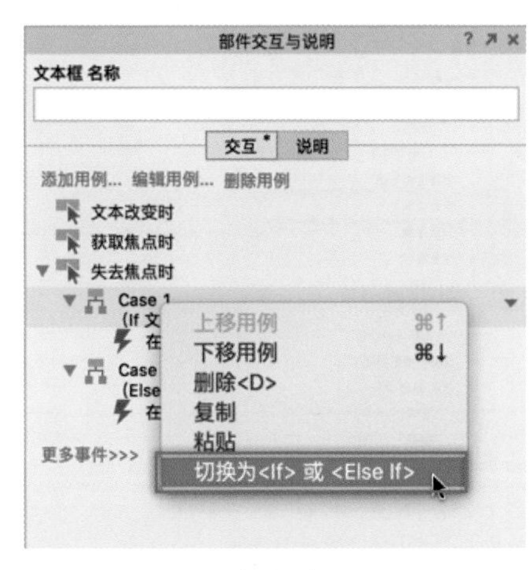

（图 7）

6.2　设置部件值

使用交互，你可以动态地设置部件的值，比如文本框中的内容或者下拉列表项中的内容。这对于一些交互来说非常有用，比如要设置一个文本框的值内容等于变量值中存储的内容，或者动态地检测复选框是否符合条件。你还可以使用函数和变量值来计算部件的值。

6.2.1　设置文本

在用例编辑器中，使用设置文本动作可以动态地编辑一个部件上的文本内容，在用例编辑器的【配置动作】中选择你想要修改的部件，然后点击【fx】，见图 8。

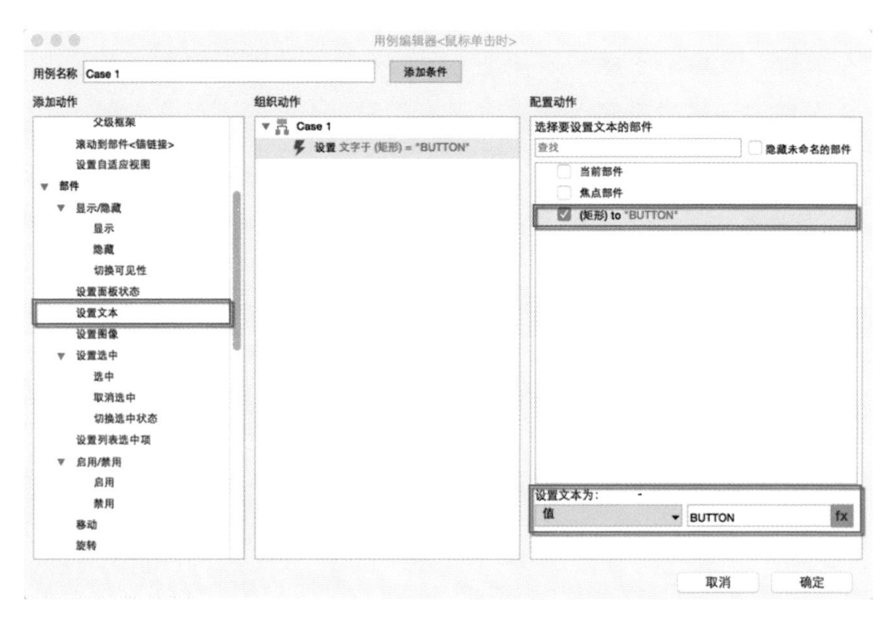

（图 8）

点击【fx】之后，在弹出的【编辑文本】对话框中，可以看到部件上已有的文字。这些文字可以替换、删除或增加，还可以插入变量值、函数，需要注意的是，插入的值和函数都是被两个中括号 [[]] 包括起来的，见图 9。

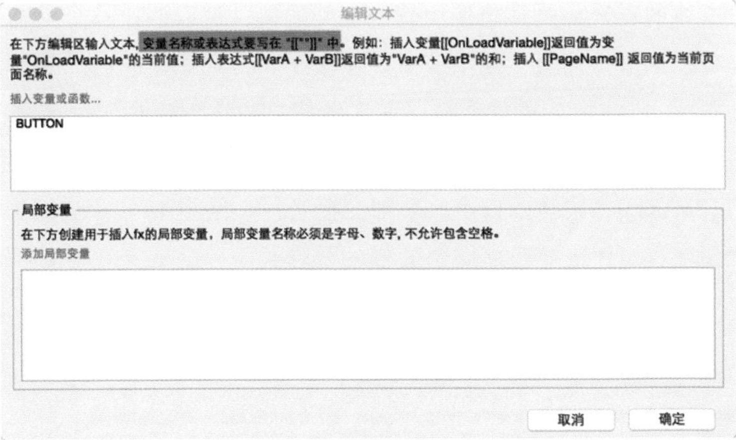

编辑文本

在下方编辑区输入文本，变量名称或表达式要写在“[[""]]”中。例如：插入变量[[OnLoadVariable]]返回值为变量"OnLoadVariable"的当前值；插入表达式[[VarA + VarB]]返回值为"VarA + VarB"的和；插入 [[PageName]] 返回值为当前页面名称。

插入变量或函数...

BUTTON

局部变量

在下方创建用于插入fx的局部变量，局部变量名称必须是字母、数字，不允许包含空格。

添加局部变量

取消　确定

（图 9）

当要给一些部件设置文本值时（比如给文本输入框），你可以选择设置文本部件的值、变量值、变量值长度、部件文字、焦点部件文字以及部件文字长度，见图 10。

用例编辑器<鼠标单击时>

用例名称 Case 1　添加条件

添加动作

链接
打开链接
当前窗口
新窗口/新标签
弹出窗口
父级窗口
关闭窗口
在框架中打开链接
内联框架
父级框架
滚动到部件<锚点链接>
部件
显示/隐藏
显示
隐藏
切换可见性
设置文本
设置图像
设置选中
选中
取消选中
切换选中状态
设置列表选中项

组织动作

Case 1
设置 文字于 This = "二级标题"

配置动作

选择要设置文本的部件

查找　隐藏未命名的部件

当前部件 to "二级标题"
焦点部件
(形状)

设置文本为：

值　二级标题　fx

值
富文本
变量值
变量值长度
部件文字
焦点部件文字
部件文字长度
被选项
选中状态
面板状态

取消　确定

鼠标按下
选中
禁用
自适应宽度
自适应高度

列表框　列表框

页面说明　页面交互　页面样

（图 10）

当设置文本的时候，如果想使用其他部件的值，可以创建一个局部变量来临时储存那个值（注意，局部变量只存在于一个动作范围内，并不能传递到其他页面）。要插入局部变量，在【编辑文本】对话框下面点击【新增局部变量】，然后给文本部件插入局部变量，你可以设置局部变量的值为默认的 [[LVAR1]]，也可以自定义局部变量名称，见图 11。在该图中，A 是局部变量名称，B 是要使用局部变量的部件类型，C 是要使用局部变量的部件。

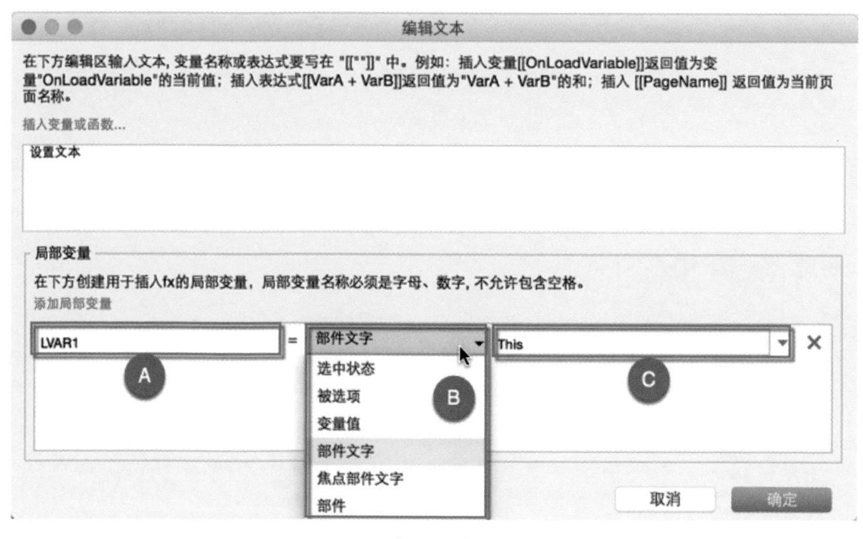

（图 11）

6.2.2　设置图像

设置图像动作，可以动态地更新页面中的图像，见图 12。

- 默认：当前显示的图像。
- 鼠标悬停时：鼠标悬停在部件上时显示的图像。
- 鼠标按键按下时：鼠标按键按下还没释放时显示的图像。
- 选中：当部件为选中时显示的图像。

- 禁用：当部件禁用时显示的图像。

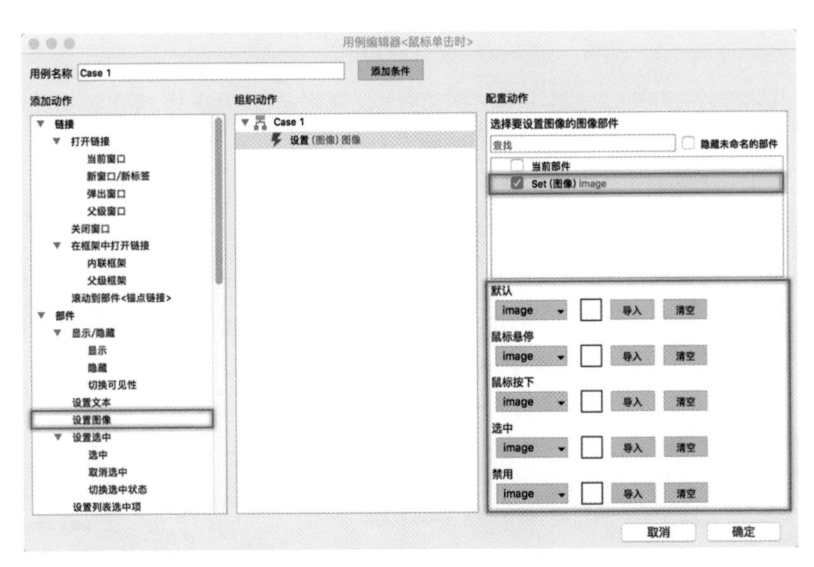

（图 12）

除此之外，设置图像动作还可用来设置显示中继器数据集中所存储的图像数据，如图 13。

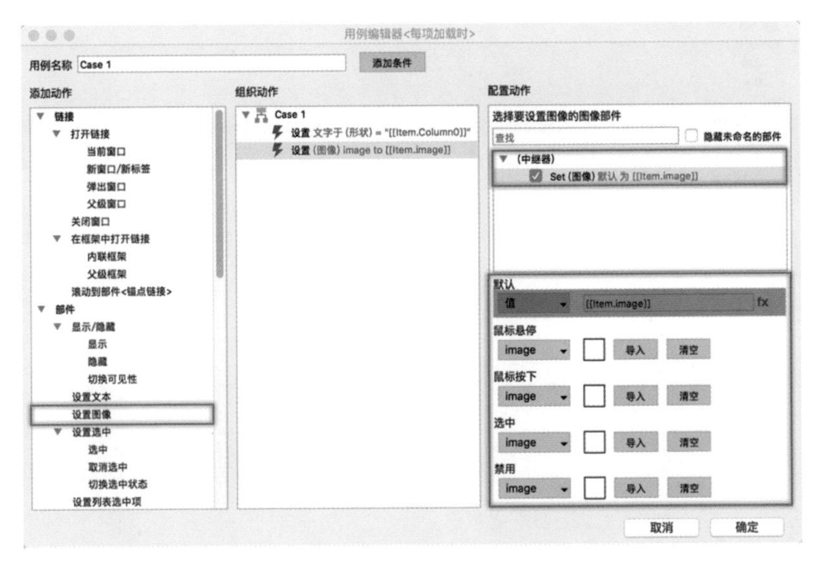

（图 13）

6.2.3　设置选中

设置选中动作，可以动态设置一个部件到选中或取消选中状态，或者检测单选按钮 / 复选框的选中状态，见图 14。

- true：设置一个部件为选中状态。
- false：设置一个部件为默认状态。
- toggle：基于一个部件当前的状态来切换选中 / 默认。

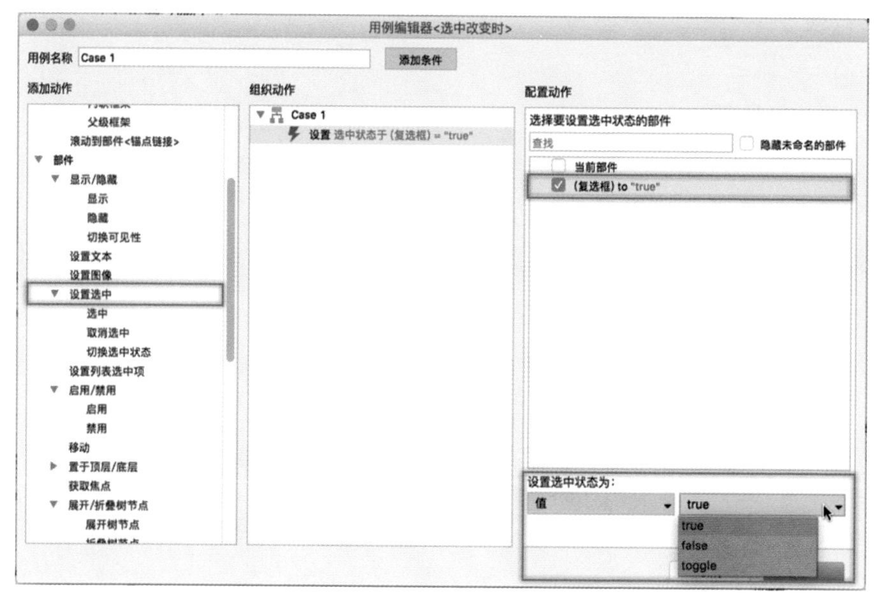

（图 14）

6.2.4　设置列表选中项

设置列表选中项动作，可以动态地选择下拉列表框或列表框中的选项，见图 15。

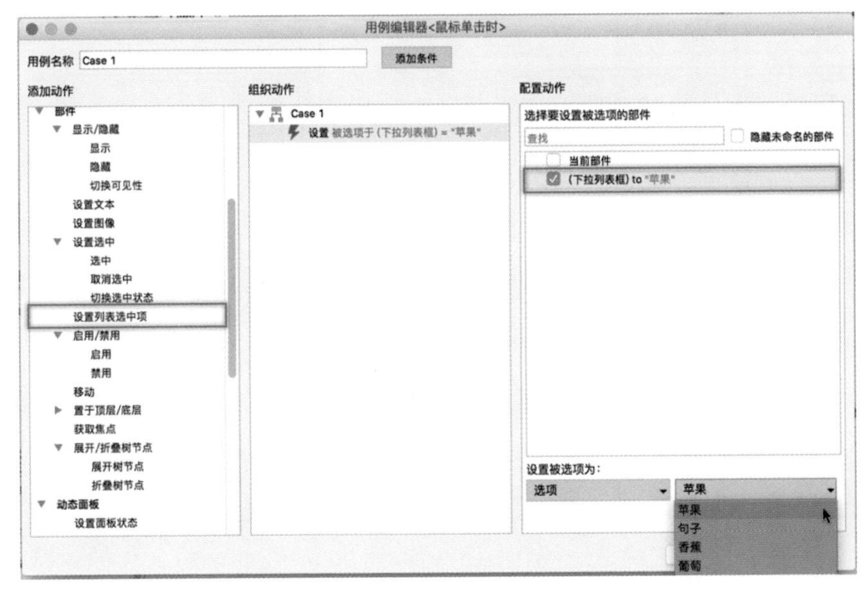

（图 15）

6.3 变量

在我们的日常生活中，时时刻刻都在使用变量。比如，当我们想到自己银行卡里的账户余额时，【账户余额】就是一个变量；今天测一下体重，和一个月前的体重对比，“体重”也是一个变量。虽然账户余额和体重都是在变化的，但是我们对它们的引用并没有改变。变量除了用于存储数据以外，还经常用于将数据从一个事件中传递到另一个事件，并影响到另外一个事件中的值。当使用条件逻辑时，变量就显得十分必要了，因为它可以检查变量的值，以确定应该执行哪个路径中的动作。

下面就来认识一下 Axure 中的变量。

- 局部变量：仅在使用该局部变量的动作中有效，在这个动作之外就无效了，因此局部变量不能与原型中其他动作里的函数一起使用。不同的动作可以使用相同的局部变量名称，因为它们的作用范围不同，并且都是只在其当前动作中有效，所以即使局部变量名称重复，也不会相互干扰。

- 全局变量：在整个原型中都是有效的，因此全局变量的命名不能重复。当你想要将某些数据从一个页面传递到另一个页面时，就要使用全局变量。

上面的描述也许不容易理解，下面我们使用大脑的记忆力来加以说明。比如，今天早晨你出门后发现自己忘记带手机了，你的大脑立刻会在记忆中搜索你昨天晚上或今天早晨（总之是你最后一次接触手机）把手机丢在了什么位置，而不是告诉你上个月或者去年某个时候你把手机丢在哪里了，这就是短期记忆（局部变量）。在此之后，你的大脑就会把它忘掉（过滤掉），避免在你下一次又忘记带手机的时候与这次的回忆造成混淆，这个短期记忆就可以理解为局部变量；而长期记忆（全局变量）就是那些在你一生中都无法忘怀的事情（在整个原型中都有效）。

6.3.1　创建和设置变量值

要管理项目中的变量，点击菜单栏中的【项目 > 全局变量】。在【全局变量】对话框中，你可以对全局变量进行添加、删除、重命名和排序操作。默认情况下有一个名为【OnLoadVariable】的变量。在创建变量名时，请使用字母或数字组合，并少于 25 个字符，不能包含中文。

> 小提示：创建变量时建议使用描述性名称，如 Name_Var 或 Price_Var 和 Var1 、Var2 对比起来更有意义且容易区分，见图 16。

全局变量

创建全局变量用于浏览器页面改变时存储数据，一个原型中的变量推荐使用25个或更少，以免造成浏览器迟缓。

变量名必须是字母或数字组合，少于25个字符，并且不能包含中文。

变量名称	默认值
OnLoadVariable	
Name_Var	
Price_Var	

确定

（图 16）

6.3.2 在动作中设置变量值

在【用例编辑器】左侧，新增【设置变量值】动作，在右侧配置动作中选择你想设置的变量值，然后在底部的下拉列表中选择你要怎样设置变量值，见图 17-A。如果没有提前新增全局变量，在【用例编辑器】中选择【设置变量值】动作之后，在右侧的【配置动作】中可以点击【添加全局变量】，见图 17-B。

（图 17）

在【用例编辑器】中使用【设置变量值】动作时，通过【设置全局变量值为：】下拉列表中的选项，可以快捷创建需要的变量，见图 18。

（图 18）

在 Axure RP7 中，你可以将变量设置为以下几种类型的值，见图 18。

- 值：一个手动输入的值。
- 变量值：装载在其他变量中的值，可以从变量列表中选择，也可以新增。
- 变量值长度：另外一个变量值的长度（数字），可以从变量列表中选择，也可以新增。
- 部件文字：文本部件中的文字，在当前页面的文本部件列表中选择。
- 焦点部件文字：当前获取焦点部件中的文字。
- 部件文字长度：部件中字符的长度（数字）。
- 被选项：下拉列表框或列表框中被选中项的文字。
- 选中状态：设置变量值为部件的选中状态值（true/false）。

■ 面板状态：设置变量值为动态面板当前的状态名称。

例如，“设置变量值 Name_Var= 用户名文本输入框部件（UserName）中的文字”，换句话来解释：当用户点击登录按钮时，就将用户名这个文本输入框中的值存储到全局变量 Name_Var 中。一旦全局变量值被设置，这个变量值就可以在整个原型中传递使用了。吴志在上一本书的反馈中也了解到大量读者对局部变量和全局变量的理解都比较模糊，在随书的视频教程中会进行更加详细的讲解。

6.4 函数

在制作原型的过程中，保真程度越高，使用到函数的频率就越高。若要让读者完全掌握所有这些函数确实有些困难，但其中使用频率较高的函数建议大家一定要牢记于心，其他一些使用频率低的（甚至很少使用到）函数我们也要对其有所了解，避免“书到用时方恨少”的尴尬局面出现。下面是 Axure RP7 中所有函数列表，大家也可以到 http://www.w3school.com.cn 进行查阅。

■ 字符串

length	字符串的长度
charAt()	返回在指定位置的字符
charCodeAt()	返回在指定位置字符的 Unicode 编码
concat()	连接字符串
indexOf()	检索字符串
lastIndexOf()	搜索字符串中最后一个出现的指定文本
replace()	替换与正则表达式匹配的子串
slice()	提取字符串的片断，并在新的字符串中返回被提取的部分
split()	把字符串分割为字符串数组

续表

substr()	在字符串中抽取从 start 下标开始的指定数目的字符
substring()	提取字符串中两个指定的索引号之间的字符
toLowerCase()	把字符串转换为小写
toUpperCase()	把字符串转换为大写
trim()	删除字符串中开头和结尾多余的空格
toString()	返回字符串

■ 数学

+ : 加	返回数的和
- : 减	返回数的差
/ : 除	返回数的商
* :　乘	返回数的积
% ：余	返回数的余数
abs(x) ：	返回数的绝对值
acos(x) ：	返回数的反余弦值
asin(x) ：	返回数的反正弦值
atan(x) ：	以介于 -PI/2 与 PI/2 弧度之间的数值来返回 x 的反正切值
atan2(y,x) ：	返回从 x 轴到点（x,y）的角度（介于 -PI/2 与 PI/2 弧度之间）
ceil(x) ：	对数进行上舍入
cos(x) ：	返回数的余弦
exp(x) ：	返回 e 的指数
floor(x) ：	对数进行下舍入
log(x) ：	返回数的自然对数（底为 e）
max(x,y) ：	返回 x 和 y 中的最高值
min(x,y) ：	返回 x 和 y 中的最低值
pow(x,y) ：	返回 x 的 y 次幂
random() ：	返回 0 ~ 1 之间的随机数

续表

sin(x):	返回数的正弦
sqrt(x):	返回数的平方根
tan(x):	返回角的正切

■ 日期

now	根据计算机系统设定的日期和时间返回当前的日期和时间值
genDate	输出 AxureRP 原型生成的日期和时间值
getDate()	从 Date 对象返回一个月中的某一天（1～31）
getDay()	从 Date 对象返回一周中的某一天（0～6）
getDayOfWeek()	返回基于计算机系统的时间周
getFullYear()	从 Date 对象以四位数字返回年份
getHours()	返回 Date 对象的小时（0～23）
getMilliseconds()	返回 Date 对象的毫秒（0～999）
getMinutes()	返回 Date 对象的分钟（0～59）
getMonth()	从 Date 对象返回月份（0～11）
getMonthName()	基于与当前系统时间对象关联的区域性，返回指定月中特定于区域性的完整名称
getSeconds()	返回 Date 对象的秒数（0～59）
getTime()	返回 1970 年 1 月 1 日至今的毫秒数
getTimezoneOffset()	返回本地时间与格林威治标准时间（GMT）的分钟差
getUTCDate()	根据世界时从 Date 对象返回月中的一天（1～31）
getUTCDay()	根据世界时从 Date 对象返回周中的一天（0～6）
getUTCFullYear()	根据世界时从 Date 对象返回四位数的年份
getUTCHours()	根据世界时返回 Date 对象的小时（0～23）
getUTCMilliseconds()	根据世界时返回 Date 对象的毫秒（0～999）
getUTCMinutes()	根据世界时返回 Date 对象的分钟（0～59）
getUTCMonth()	根据世界时从 Date 对象返回月份（0～11）

续表

getUTCSeconds()	根据世界时返回 Date 对象的秒钟（0 ～ 59）
parse()	返回 1970 年 1 月 1 日午夜到指定日期（字符串）的毫秒数
toDateString()	把 Date 对象的日期部分转换为字符串
toISOString()	以字符串值的形式返回采用 ISO 格式的日期
toJSON()	用于允许转换某个对象的数据以进行 JavaScript Object Notation (JSON) 序列化
toLocaleDateString()	根据本地时间格式，把 Date 对象的日期部分转换为字符串
toLocaleTimeString()	根据本地时间格式，把 Date 对象的时间部分转换为字符串
toLocaleString()	根据本地时间格式，把 Date 对象转换为字符串
toTimeString()	把 Date 对象的时间部分转换为字符串
toUTCString()	根据世界时，把 Date 对象转换为字符串
UTC()	根据世界时返回 1970 年 1 月 1 日到指定日期的毫秒数
valueOf()	返回 Date 对象的原始值
addYears(years)	返回一个新的 DateTime，它将指定的年数加到此实例的值上
addMonths(months)	返回一个新的 DateTime，它将指定的月数加到此实例的值上
addDays(days)	返回一个新的 DateTime，它将指定的天数加到此实例的值上
addHours(hours)	返回一个新的 DateTime，它将指定的小时数加到此实例的值上
addMinutes(minutes)	返回一个新的 DateTime，它将指定的分钟数加到此实例的值上
addseconds(seconds)	返回一个新的 DateTime，它将指定的秒数加到此实例的值上
addMilliseconds(ms)	返回一个新的 DateTime，它将指定的毫秒数加到此实例的值上

■ 数字

toExponential (DecimalPoints)	把对象的值转换为指数计数法
toFixed(decimalPoints)	把数字转换为字符串，结果的小数点后有指定位数的数字
toPrecision(length)	把数字格式化为指定的长度

■ 部件

this	当前部件，指在设计区域中被选中的部件
target	目标部件，指在用例编辑器中配置动作时选中的部件
widget.x	部件的 X 轴坐标
widget.y	部件的 Y 轴坐标
widget.width	部件的宽度
widget.height	部件的高度
widget.scrollX	动态面板 X 轴的坐标
widget.scrollY	动态面板 Y 轴的坐标
widget.text	部件上的文字内容
widget.name	部件的名称
widget.top	部件的顶部
widget.left	部件的左侧
widget.right	部件的右侧
widget.bottom	部件的底部

■ 页面

PageName	pagename 方法可把当前页面名称转换为字符串

■ 窗口

Window.width	可返回浏览器窗口的宽度
Window.height	可返回浏览器窗口的高度
Window.scrollX	可返回鼠标滚动（滚动栏拖动）X 轴的距离
Window.scrollY	可返回鼠标滚动（滚动栏拖动）Y 轴的距离

■ 鼠标指针

Cursor.x	鼠标指针的 x 轴坐标
Cursor.y	鼠标指针的 y 轴坐标
DragX	部件延 X 轴瞬间拖动的距离（拖动速度）

续表

DragY	部件延 Y 轴瞬间拖动的距离（拖动速度）
TotalDragX	部件延 X 轴拖动的总距离
TotalDragY	部件延 Y 轴拖动的总距离
DragTime	部件拖动的总时间

■ 中继器 / 数据集

Item	中继器的项
Item.Column0	中继器数据集的列名
index	中继器项的索引
isFirst	中继器的项是否第一个
isLast	中继器的项是否最后一个
isEven	中继器的项是否偶数
isOdd	中继器的项是否奇数
isMarked	中继器的项是否被标记
isVisible	中继器的项是否可见
repeater	返回当前项的父中继器
visibleItemCount	当前页面中所有可见项的数量
itemCount	当前过滤器中的项的个数
datacount	中继器数据集中所有项的个数
pagecount	中继器中总共的页面数
pageindex	当前的页数

■ 布尔

==	等于
!=	不等于
<	小于
<=	小于等于
>	大于
>=	大于等于
&&	并且
||	或者

第7章

团队项目

该章节内容请参考视频教程基础篇中的:

- 【21 团队项目】
- 【22 创建一个 SVN 服务器】

7.1　团队项目概述

在本章中，我们一起来探索 Axure 中的团队项目功能（注意，Axure RP Pro 版本中才有此功能）。针对本章内容，笔者想引用一句亨利·福特的名言作为开场：

“相会在一起只是开始，凝聚在一起只是过程，工作在一起才是成功。”

因为，接下来要讲解的内容与这句名言紧密相连：

- “相会在一起”涉及工作中的计划与训练；
- “凝聚在一起”涉及工作中的沟通与同步；
- “工作在一起”涉及个体间的衔接与配合。

如果用户体验设计团队还在使用以文件为中心的工具（如 Word 或 Visio），时刻都需要关注线框图或者其他任何相关的内容是否已经同步。而且每个文件只能由一个人进行编辑，这就意味着如果多名设计师同时编辑一个文件的话，就需要把一个文件拆成多个部分。要完整体验这个项目，就要不停地将每个分离的文件整合到一起。团队越大，项目越复杂，就越难以保证每个设计师手中文件交互模式和小部件的一致性。此外，用户体验设计团队还面临着从客户、投资人、老板、用户等人群获取反馈的巨大挑战。

比较常见的做法是，用户体验团队会将最终制作的线框图设计成 PPT 或者 Word 格式，并配以大量的文字说明，来描述静态线框图的交互应该是什么样子的，然后将报告发送给客户、投资人或其他相关者，等待他们的书面反馈。等投资人或客户收到报告后再结合自己的想象力阅读你的 PPT 或 Word 文档，制作这类演示文档需要花费很多额外的努力，但效果往往不尽如人意，尤其是有多个股东、投资人、老板的情况下。挑战还没有结束，当投资人或客户针对你的报告表达完自己的反馈意见后，你还需要将这些信息专业化地传递给团队中的每个成员，商讨修改工作。由此可见，在用户体验设计团队中使用传统工具进行协作面临着巨大的沟通障碍。

Axure RP 7 Pro 支持两种形式的合作，非常巧妙、高效地解决了上述问题。

- 团队项目：允许用户体验设计团队之间在同一个项目文件中协作，也可以与项目中其他成员沟通协作，如业务分析师。
- 讨论面板：在生成的 HTML 原型文件中，每个页面左侧的讨论面板都可以添加对原型的反馈，团队中的其他成员或者客户也可以回复反馈并添加截图，这种问答的设计形式可以帮助用户体验设计师与客户、用户或投资人更加顺畅地沟通。和其他重要的功能一样，这个功能可以帮助用户体验团队甚至整个项目节省大量成本。不过有一点需要注意，讨论功能是要将制作好的原型上传 Axshare 云服务时才可以使用的，这个功能可以在发布原型时设置为开启或关闭。

团队项目允许多个用户同时编辑同一个项目文件，并且同时保存项目的历史版本，我们随时可以调用并恢复任意历史版本。团队中的成员通过编辑团队项目的本地副本并使用签入和签出进行管理更新。团队项目是建立在 Subversion（SVN）上的版本控制系统。下面是一个典型的工作流程，编辑、分享和获取 Axure RP 团队项目的变化，主原型文件存放于 SVN 服务器或共享驱动器中（A），团队中的每个成员都可以在 PC 或 Mac 中使用 Axure 与服务器连接，并且可以对以下元素签出。

- 页面
- 母版
- 注释字段
- 全局变量
- 页面样式
- 部件样式
- 生成器

如果团队中的 UX 设计师 C 要编辑存放于服务器版本库中的原型文件，首先要签出该元素（B），此时团队中的其他成员无法对已经签出的元素再次进行签出。当 UX 设计师 C 编辑完毕后，将该元素签入到服务器（C）之后，其他成员才可以签出该元素进行编辑，见图 1。

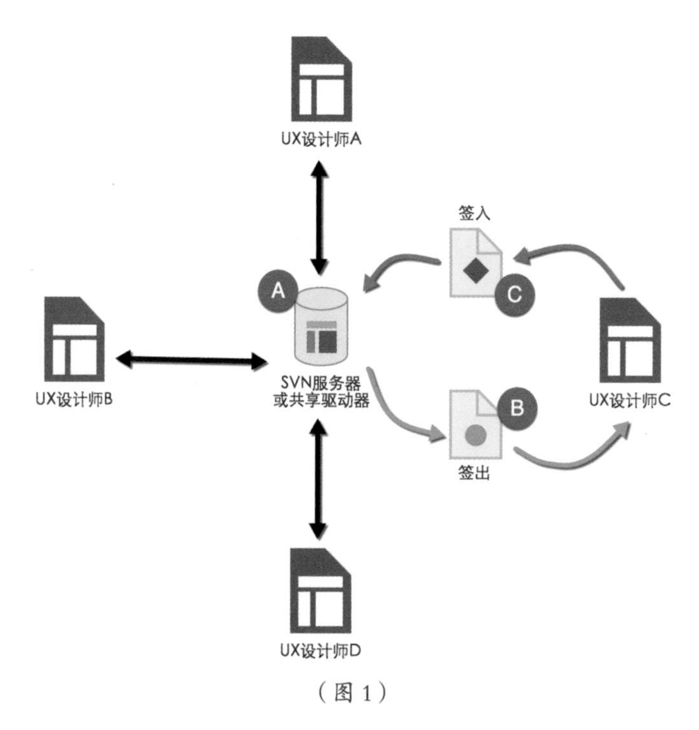

（图 1）

团队项目可以存储在共享驱动器或 SVN 服务器中。共享驱动器通常更容易安装，适用于局域网内小型办公网络。但是如果团队规模较大或者团队成员分散于不同的省市甚至其他国家，需要通过 VPN 进行远程连接，建议你创建一个 SVN 服务器存储团队项目目录，使用 VPN 访问网络驱动器通常都很慢。也不推荐将团队项目放在 Onedrive、Dropbox 之类的云服务器上，不仅同步的速度慢而且还会给 SVN 带来问题。

小提示：团队项目功能也可以个人使用，比如当你要创建一个大型的复杂性较高的项目时，可以在自己的电脑中创建团队项目，这样你可以保存整个项目的所有历史版本，在有需求的情况下可以随时调用并恢复到之前的任意历史版版本，这是非常便捷的。

关于 SVN 服务器的搭建

- Mac 新版 OSX 系统中集成了 SVNServer，但是需要使用 Command Line 进行创建和管理，读者可自行通过互联网搜索参考。
- Windows 系统用户建议使用 VisualSVNServer，软件的界面和操作都很简单，在随书的视频教程中也提供详细的安装和配置讲解，请参考基础篇【22 创建一个 SVN 服务器】。VisualSVNServer 下载地址：https://www.visualsvn.com

7.2 创建团队项目

团队项目可以从一个新的文件或从已有的 RP 文件创建。一个团队项目是由一个存储在共享驱动器或 SVN 服务器上的团队项目目录（每个用户都可以访问）和一个在每个用户的机器上的团队项目本地副本组成的。

> 小提示：由于 Axshare 服务器使用的美国华盛顿州亚马逊的数据服务，当我们上传较大的原型文件时或者预览原型时会发生较为严重的延迟卡顿，所以，如果你的项目较大请谨慎考虑使用该功能。

要创建团队项目，在 Axure 菜单中点击【文件 > 新建团队项目】。或者将已有的 RP 文件创建为团队项目，点击菜单栏中的【团队 > 从当前文件创建团队项目】。在打开创建团队项目对话框之后，需要你通过以下三个步骤来完成创建团队项目。

- 团队项目名称：输入团队项目的名称，与之相关的文件和目录都会使用这个项目名称，见图 2。
- 团队项目目录：选择你要创建的团队项目放在哪个目录下。该目录通常是一个网络驱动器（共享），其他用户也能访问。这不需要安装任何额外的软件来操作；你也可以创建一个 SVN 服务器来存放团队项目目录，这样可以提高效率和性能。如果你是自己工作，但想使用团队项目来保留你对原型的修改历史，你可以选择自己电脑上的驱动器来存放，比如放在 D:\，见图 3。

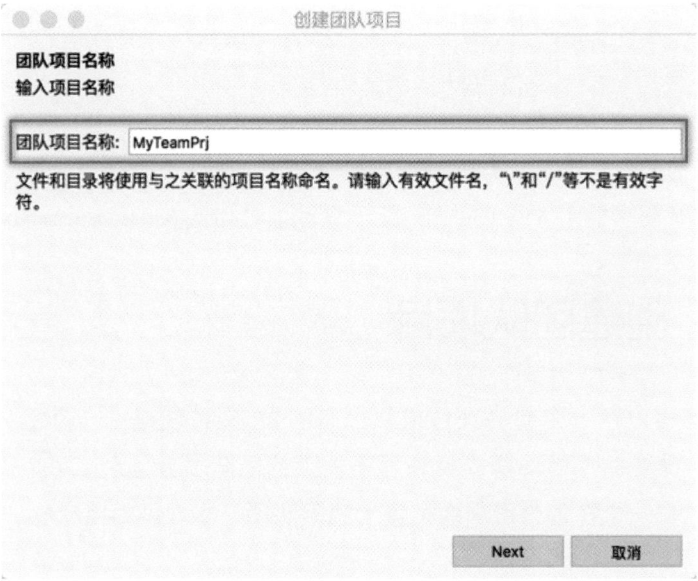

创建团队项目

团队项目名称
输入项目名称

团队项目名称: MyTeamPrj

文件和目录将使用与之关联的项目名称命名。请输入有效文件名，"\"和"/"等不是有效字符。

Next　取消

（图 2）

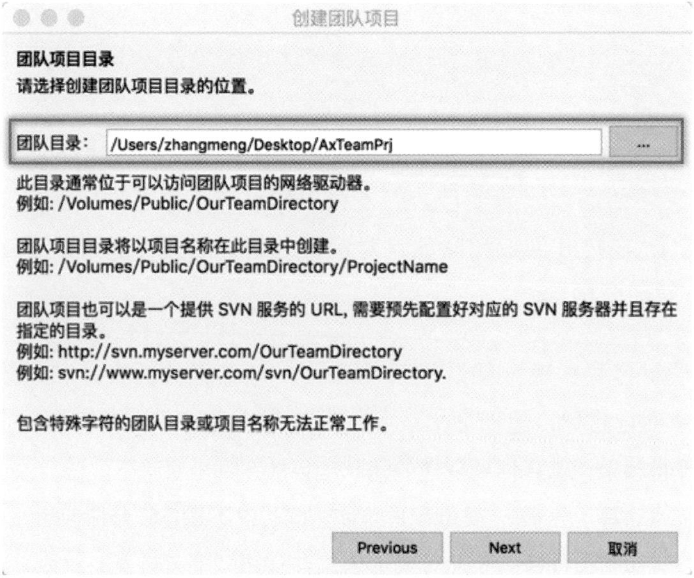

创建团队项目

团队项目目录
请选择创建团队项目目录的位置。

团队目录: /Users/zhangmeng/Desktop/AxTeamPrj ...

此目录通常位于可以访问团队项目的网络驱动器。
例如: /Volumes/Public/OurTeamDirectory

团队项目目录将以项目名称在此目录中创建。
例如: /Volumes/Public/OurTeamDirectory/ProjectName

团队项目也可以是一个提供 SVN 服务的 URL, 需要预先配置好对应的 SVN 服务器并且存在指定的目录。
例如: http://svn.myserver.com/OurTeamDirectory
例如: svn://www.myserver.com/svn/OurTeamDirectory.

包含特殊字符的团队目录或项目名称无法正常工作。

Previous　Next　取消

（图 3）

■ 团队项目本地目录：选择一个你电脑上的目录，本地团队项目的副本将被创建在这个目录里，见图 4。点击【完成】后，弹出团队项目创建成功提示，见图 5。

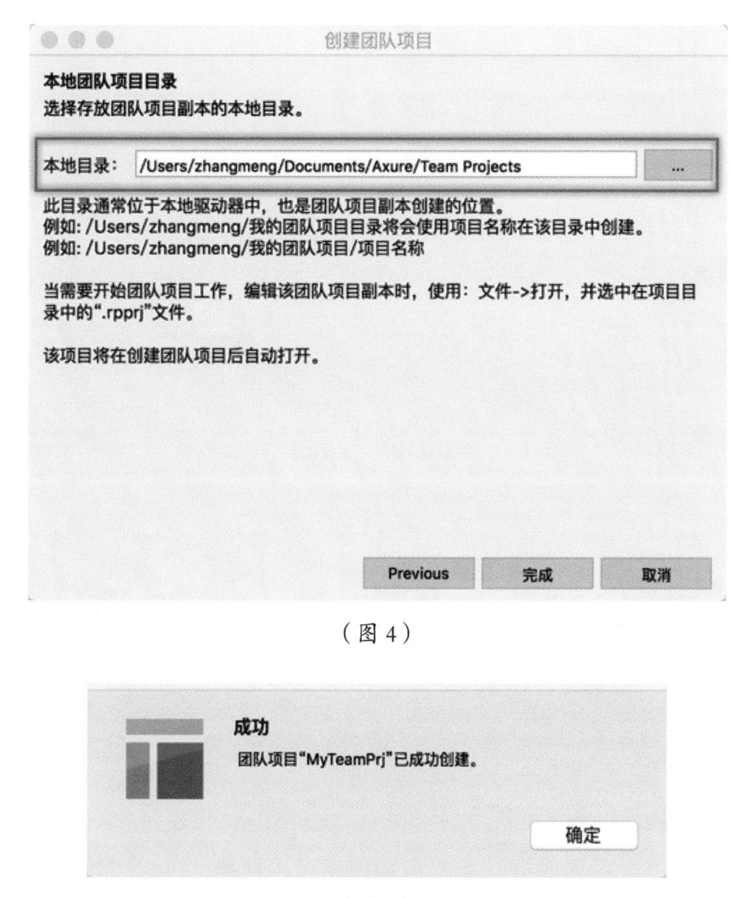

（图 4）

（图 5）

7.3 团队项目环境和本地副本

当创建完团队项目后，Axure 会打开你的本地副本，你会发现 Axure 的工作环境发生了一些变化。

- 站点地图面板和母版面板：在页面和母版列表的左侧出现了不同的小图标，而不同的图标样式代表着当前页面或当前母版的状态，见图 6-A。
- 设计区域和部件管理面板：设计区域右上角出现了签出提示，告诉我们要对当前页面进行修改首先要将该页面签出，见图 6-B；部件管理面板中也可以通过当前页面缩略图中小图标的颜色，看出当前页面的签出状态，见图 6-C。

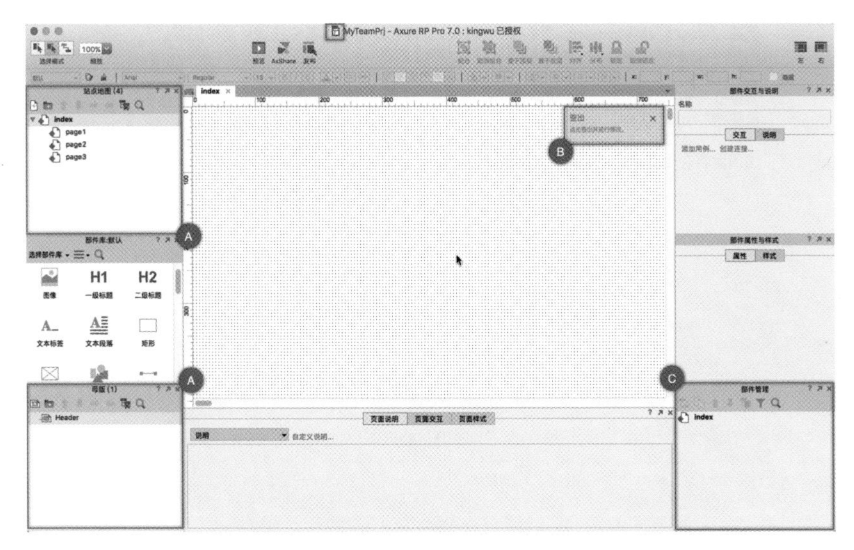

（图 6）

- 团队项目的本地副本：包含一个 .rpprj 文件和一个 do_not_edit 文件夹。这个文件夹包含项目数据和版本控制信息，不要用 Axure 以外的软件修改。如果你移动 .rpprj 文件的话，要确保与 do_not_edit 文件夹一起移动，见图 7。

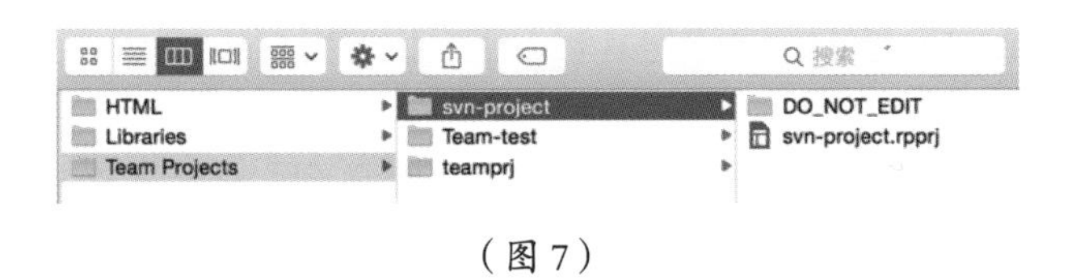

（图 7）

7.4 获取并打开已有团队项目

要使用其他电脑打开一个已经创建团队项目，点击菜单栏中的【团队 > 获取并打开团队项目】。在弹出的获取团队项目向导中，分别选择团队项目目录、本地副本目录，并点击获取按钮。完成后，可以在本地目录中看到 .rpprj 文件和 do_not_edit 文件夹。

在菜单栏中点击【团队 > 获取并打开团队项目】，见图 8。

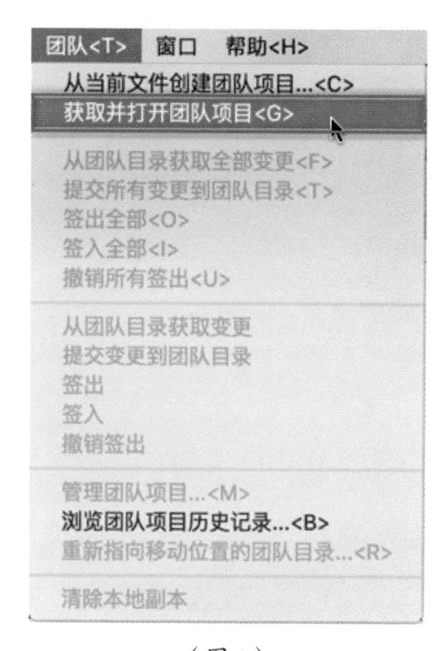

（图 8）

在弹出的获取团队项目对话框中输入 SVN 服务器版本库地址或共享驱动器的路径，见图 9，然后点击【Next】。

设置团队项目本地副本的目录，点击【完成】，见图 10。

不同电脑项目协作

要使用不同电脑进行项目协作时，应该给每台电脑都按照上面介绍的操作流程获取本地副本。不要复制某台电脑中的本地副本到另一台电脑，也不要使用邮件将创建好的本地副本传送给其他人，这样会导致项目冲突。

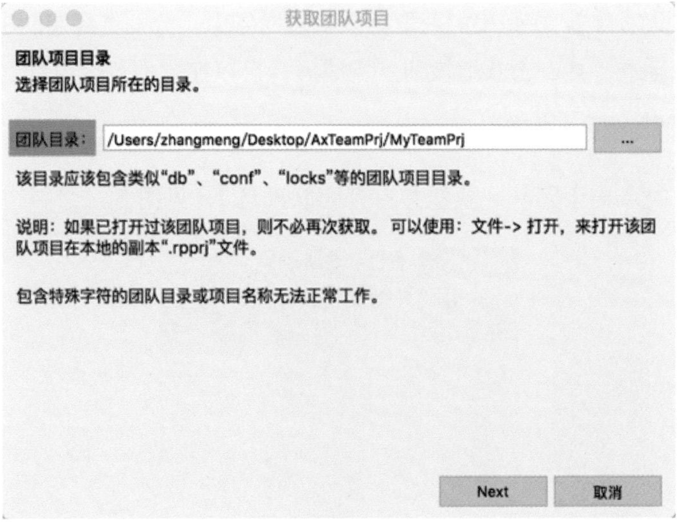

获取团队项目

团队项目目录
选择团队项目所在的目录。

团队目录：/Users/zhangmeng/Desktop/AxTeamPrj/MyTeamPrj　...

该目录应该包含类似“db”、“conf”、“locks”等的团队项目目录。

说明：如果已打开过该团队项目，则不必再次获取。可以使用：文件-> 打开，来打开该团队项目在本地的副本“.rpprj”文件。

包含特殊字符的团队目录或项目名称无法正常工作。

Next　取消

（图 9）

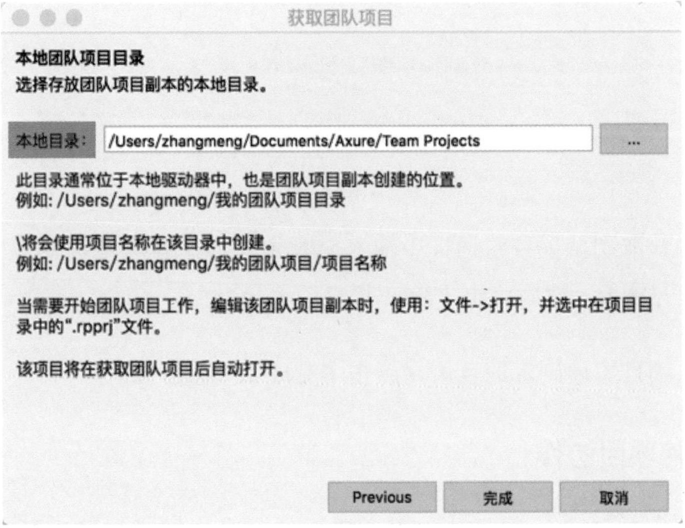

获取团队项目

本地团队项目目录
选择存放团队项目副本的本地目录。

本地目录：/Users/zhangmeng/Documents/Axure/Team Projects　...

此目录通常位于本地驱动器中，也是团队项目副本创建的位置。
例如: /Users/zhangmeng/我的团队项目目录

\将会使用项目名称在该目录中创建。
例如: /Users/zhangmeng/我的团队项目/项目名称

当需要开始团队项目工作，编辑该团队项目副本时，使用：文件->打开，并选中在项目目录中的“.rpprj”文件。

该项目将在获取团队项目后自动打开。

Previous　完成　取消

（图 10）

7.5 使用团队项目

要熟练使用团队项目工作，首先要来了解一下签入 / 签出的不同状态。

- 签出（绿色圆形）：要编辑页面、母版或其他元素，必须先使用签出操作。这个操作会检测当前项目的所有改变，并为你保留编辑权，然后你就可以在设计区域进行设计了，见图 11。讲得更加通俗一些，签出 page1 就是先判断一下 page1 这个页面此时是否有其他成员正在编辑中，如果有就反馈提示，如果没有就赋予你 page1 的编辑权限，在你编辑的时候其他成员就无法签出编辑了。你还可以点击菜单栏中的【团队 > 全部签出】来签出所有页面和母版。

（图 11）

- 签入（蓝色菱形）：要提交你对页面或母版做出的修改到团队项目中，并释放编辑权，以便让其他队友执行签出操作，就要使用签入操作了。点击【签入】后会弹出【签入】对话框，在这里你可以对本次的签入信息进行备注说明，比如这次编辑做出了哪些修改或者进行到了什么进度，这样便于在历史版本中进行索引，见图 12。要签入所有的页面和母版，点击菜单栏中的【团队 > 全部签入】。

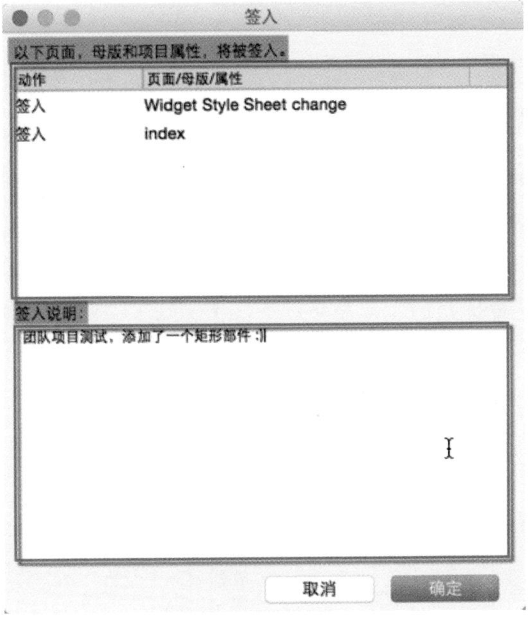

（图 12）

■ 新增（绿色加号）：当创建新元素时，这些元素是在你的本地副本中第一次被创建，就会显示这个绿色加号。执行签入后，团队中的其他成员才可以看到并使用这些新元素，见图 13。

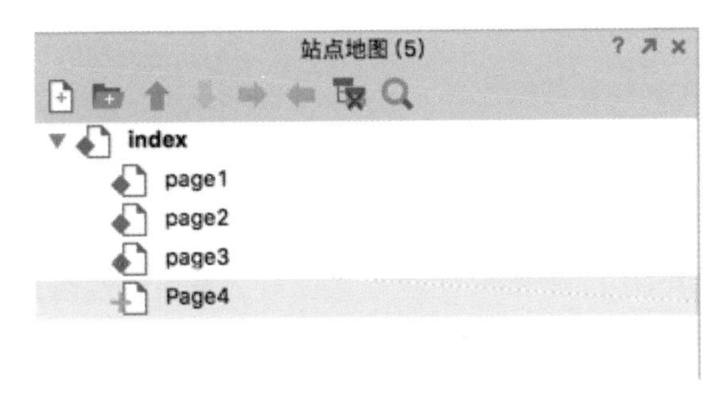

（图 13）

■ 冲突（红色矩形）：当本地副本项目中的元素与服务器中团队项目文件

里的元素相冲突的时候，就会显示这个红色矩形状态。这种情况通常发生于团队中的其他成员已经签出了某个页面或母版，却对其进行强制编辑后再签入导致的，见图 14 和图 15。

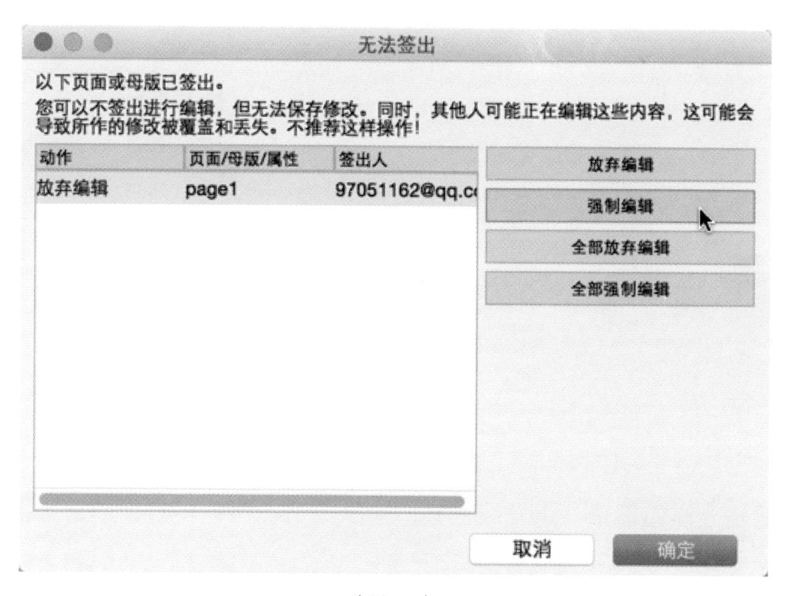

（图 14）

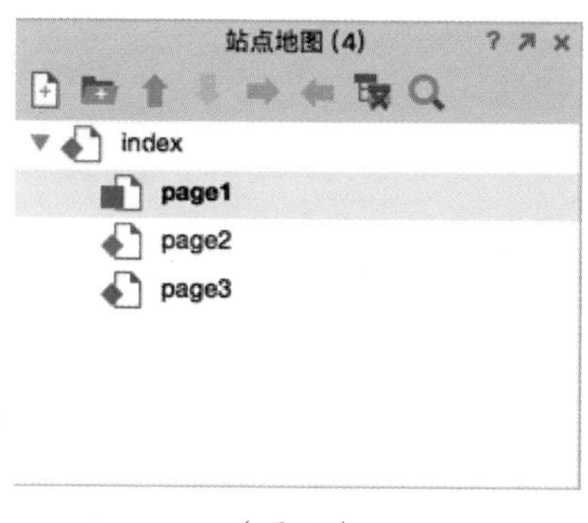

（图 15）

- 非安全签出（黄色三角形）：如果你正在签出一个已经被其他队友签出的项目，就会出现无法签出的对话框，并提示你强制签出或放弃签出，见图 16 和图 17。

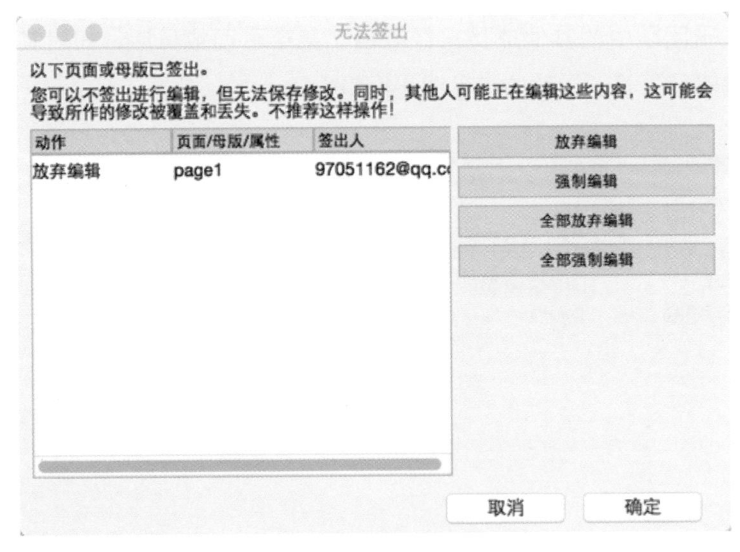

（图 16）

强制编辑允许你编辑一个已经被其他团队成员签出的项目，通常也被称为非安全签出。笔者不建议使用非安全签出，因为这会导致冲突。当多个人在同一时间签出同一个页面或母版时，冲突就会出现，而且团队项目目录只能接受其中一个改变，其他的改变将被覆盖掉。然而，非安全签出有些时候是很有用的。比如你无法从本地副本签入一个已经签出的项目，或者当你暂时无法连接到团队项目目录进行签出的时候。

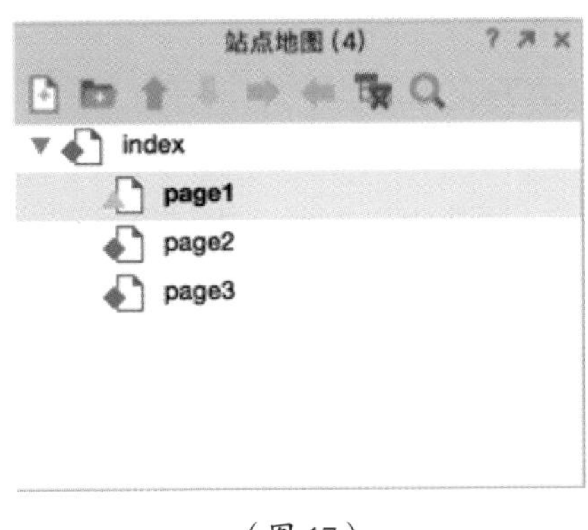

（图 17）

■ 获取更新：要获取团队项目中最新的页面和母版，使用获取更新操作。要检索整个团队项目的最新版本，点击菜单栏中的【团队 > 从团队共享目录获取所有更新】，见图 18。

（图 18）

- 提交更新：要将做过修改的页面或母版提交到团队项目，但还要继续保留编辑权限进行编辑，就要使用提交更新操作。点击后弹出【提交更新】对话框，可以添加备注到本次更新，用于在历史版本中提示团队成员或自己。也可以点击菜单中的【文件 > 保存】来保存本地副本的修改，但这不会上传到团队项目目录中。要提交所有的修改到团队项目，使用【团队 > 提交所有更新到团队共享目录】。每次发送更新时，在团队项目目录文件中都会新增一个版本，你可以点击菜单栏【团队 > 浏览团队项目历时记录】查看，见图 19。
- 撤销签出：当签出后，又想取消对页面和母版做出的修改，就要使用撤销签出操作，这能使项目回到签出之前的版本。要取消你签出后的所有修改，点击【团队 > 撤销所有签出】。
- 编辑站点地图和母版：与编辑页面和母版不同，【站点地图】面板和【母版】面板不需要签出。这允许多名团队成员同时编辑站点地图和母版列表，并且团队项目会合并这些变化。要提交对站点地图和母版列表做出的变化，点击【团队 > 提交所有更新到团队共享目录】，或者【团队 > 全部签入】。要撤销对站点地图和母版列表做出的修改，点击【团队 > 从团队共享目录获取全部更新】即可。

（图 19）

■ 将团队项目文件导出为 RP 文件：要将团队项目导出为 RP 文件，点击菜单栏中的【文件 > 导出团队项目到文件】。在导出为 RP 文件之后，可以打开并编辑它，但无法再连接到团队项目目录了。要将 RP 文件中的改变提交到团队项目目录，首先打开 .rpprj 文件，然后点击【文件 > 从 RP 文件导入】，在弹出的【导入向导】对话框中可以选择导入哪些页面、母版和项目属性到你的团队项目中，见图 20。如果一个项目在导入过程中被替换或正在编辑，它需要签出才可以成功导入。

（图 20）

- 团队项目历史：要浏览并恢复团队项目以前的版本，点击【团队 > 浏览团队项目历史记录】，这会打开团队项目历史对话框。点击获取历史记录，可以查看所有以前的版本。选择一个版本，可以查看该版本的修改注释和签入摘要，如签入的页面、母版或项目属性。要将该历史记录版本保存为 RP 文件，点击【导出 RP 文件】即可，见图 19-A。
- 管理团队项目：要查看团队项目的所有页面、母版和项目属性，点击菜单栏中的【团队 > 管理团队项目】，在弹出的管理团队项目对话框中点击【刷新】，就可以获取所有页面、母版和项目属性的状态了。要改变其中某个项目的状态，右键点击，选择想要的操作即可，见图 21。
- 移动团队项目文件夹：在移动团队项目目录之前，强烈建议所有成员进行全部签入的操作。在移动团队项目目录之后，已经存在的本地副本不再指向正确的地址。你需要重新指定团队项目的位置，点击【团

队 > 重新指向移动的团队共享目录】，下面要做的就是点击【团队 > 获取团队项目】。如果在移动团队项目目录之前，没有签入你的改变，那么这些改变在新的本地副本中是没有的，你就需要做非安全签出并重新编辑这些项目了。

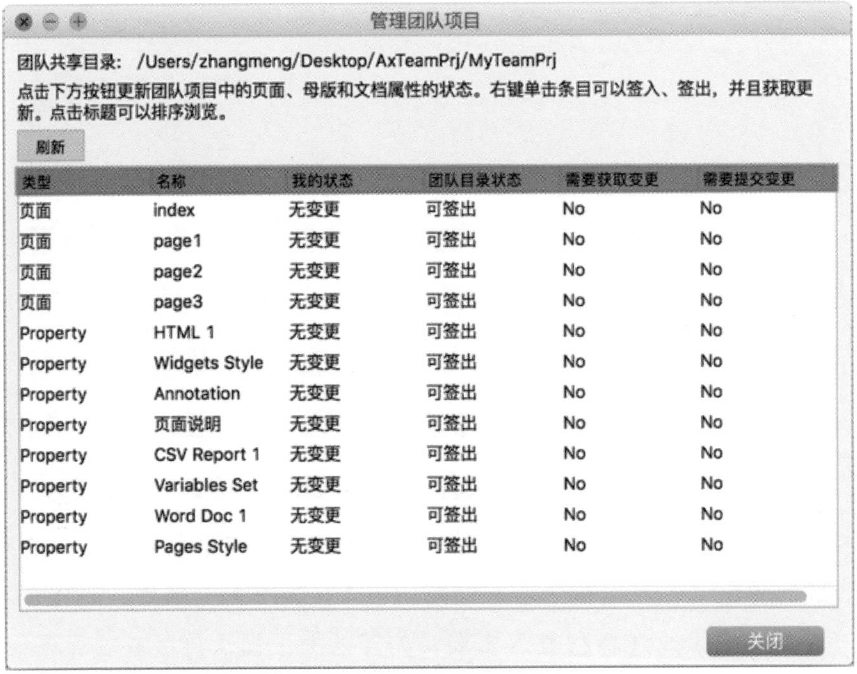

管理团队项目

团队共享目录：/Users/zhangmeng/Desktop/AxTeamPrj/MyTeamPrj

点击下方按钮更新团队项目中的页面、母版和文档属性的状态。右键单击条目可以签入、签出，并且获取更新。点击标题可以排序浏览。

刷新

类型	名称	我的状态	团队目录状态	需要获取变更	需要提交变更
页面	index	无变更	可签出	No	No
页面	page1	无变更	可签出	No	No
页面	page2	无变更	可签出	No	No
页面	page3	无变更	可签出	No	No
Property	HTML 1	无变更	可签出	No	No
Property	Widgets Style	无变更	可签出	No	No
Property	Annotation	无变更	可签出	No	No
Property	页面说明	无变更	可签出	No	No
Property	CSV Report 1	无变更	可签出	No	No
Property	Variables Set	无变更	可签出	No	No
Property	Word Doc 1	无变更	可签出	No	No
Property	Pages Style	无变更	可签出	No	No

关闭

（图 21）

第8章

AxShare

在笔者录制完本期视频教程之后，Axure 官方对 AxShare 网站界面进行了细微调整，但功能并没有改变。各位读者在阅读本章节文字和图像内容之后，可参考视频教程基础篇【18AxShare】。使用 AxShare 可以轻松地与团队成员或客户共享你的原型，AxShare 新增的截图功能与增强的消息提醒也让沟通变得更加便捷、通畅。

8.1　AxShare 概述

AxShare 是 Axure 官方推出的云托管解决方案，提供了与他人分享 AxureRP 原型的简单方法，包括团队或客户。AxShare 也可以把你的原型转换为自定义的站点，可以对站点进行自定义标题、支持 SEO 和更多。AxShare 是一项免费服务，允许上传大小在 100MB 以内的 1000 个项目。

Axshare 访问网址：http://share.axure.com。，见图 1。

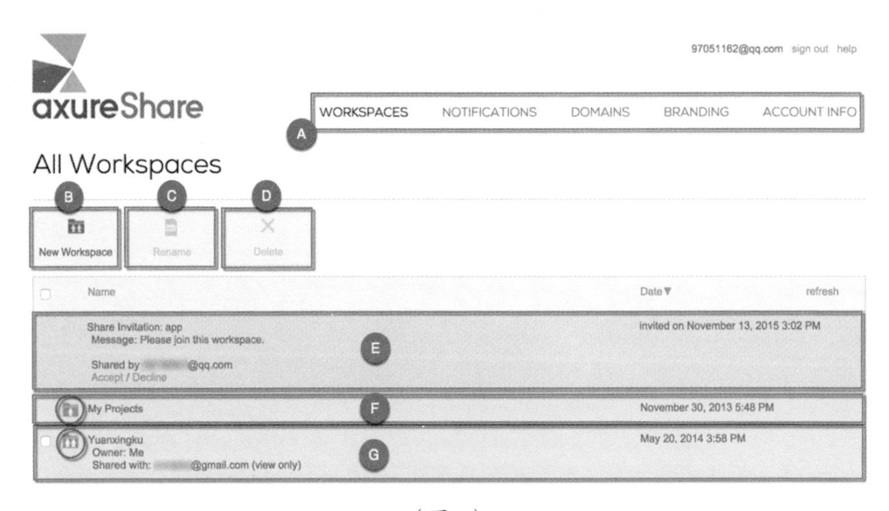

（图 1）

A：菜单栏，分别是：

- 工作区：即图 1 显示的内容。
- 提示：对项目评论进行设置，可设置当某项目被评论时发送提示。
- 域名：添加独立域名。
- 品牌：自定义项目访问时的登陆页，可增强项目的品牌感。

- 账户信息：查看当前账户信息。

B：创建工作区，不同的项目可以分别放入不同的工作区中，便于维护和管理。

C：重命名，给创建的工作区重新命名。

D：删除，删除工作区。

E：其他 AxShare 用户可以通过账号邀请你加入他的工作区，共同管理项目。

F：工作区，项目都在工作区里面。

G：共享的工作区，共享给其他成员的工作区。

点击工作区后如图 2 所示。

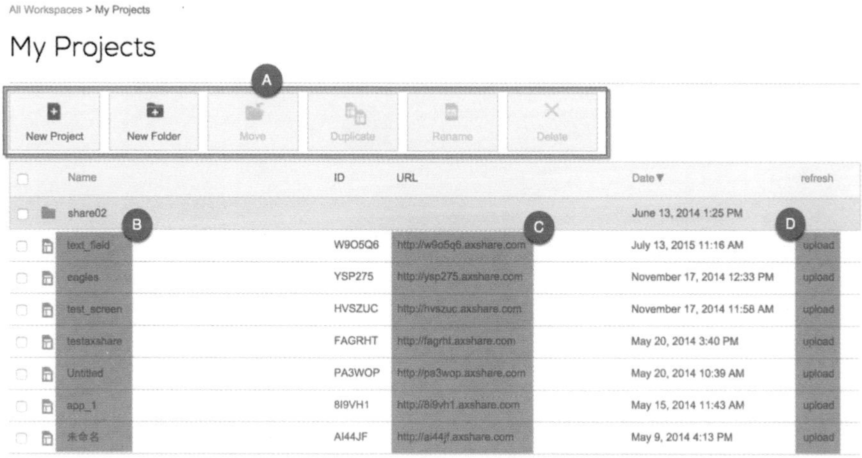
All Workspaces > My Projects
My Projects
A
New Project
New Folder
Move
Duplicate
Rename
Delete
Name
ID
URL
Date▼
refresh
share02
June 13, 2014 1:25 PM
B
C
D
text_field W9O5Q6 http://w9o5q6.axshare.com July 13, 2015 11:16 AM upload
eagles YSP275 http://ysp275.axshare.com November 17, 2014 12:33 PM upload
test_screen HVSZUC http://hvszuc.axshare.com November 17, 2014 11:58 AM upload
testaxshare FAGRHT http://fagrht.axshare.com May 20, 2014 3:40 PM upload
Untitled PA3WOP http://pa3wop.axshare.com May 20, 2014 10:39 AM upload
app_1 8I9VH1 http://8i9vh1.axshare.com May 15, 2014 11:43 AM upload
未命名 AI44JF http://ai44jf.axshare.com May 9, 2014 4:13 PM upload

（图 2）

A：工具栏，可以新增项目和文件夹，还可以对项目和文件夹进行移动、复制、重命名和删除操作。

B：项目名称，点击项目名称可查看该项目详情。

C：项目链接，点击该链接可在浏览器中浏览该项目原型。

D：重新上传该项目。

点击项目名称后见图 3。

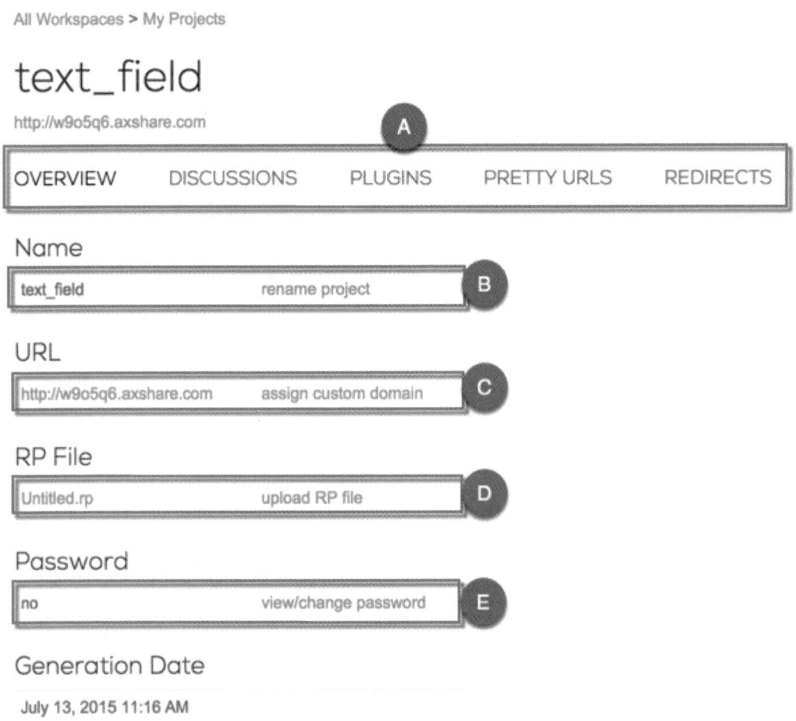

All Workspaces > My Projects

text_field

http://w9o5q6.axshare.com

A

OVERVIEW DISCUSSIONS PLUGINS PRETTY URLS REDIRECTS

Name

text_field rename project B

URL

http://w9o5q6.axshare.com assign custom domain C

RP File

Untitled.rp upload RP file D

Password

no view/change password E

Generation Date

July 13, 2015 11:16 AM

（图 3）

A：该项目详情工具栏，包含以下内容。

- 概述：该项目的概要信息。
- 讨论：可查阅该项目的讨论内容并且控制该项目讨论功能的开启与关闭。
- 插件：可以给该项目的 head、body 或者页面中的动态面板插入 HTML 或 JavaScript。
- 漂亮的 URL：可以自定义该项目的默认启动页面，还可以自定义 404 页面。
- 重定向：可以将项目中的某个老页面重定向到新页面，比如该项目在浏览器中访问时默认显示 home.html，将 home.html 重定向到 new_home.html 后，再到浏览器中访问该项目时会跳转到 new_home.html。

B：项目名称，可重命名该项目名称。

C：该项目 URL，可绑定独立域名。比如你申请一个 www.iloveaxure.com 的域名，经过解析后再到这里绑定成功后，直接访问 www.iloveaxure.com 就可以浏览这个项目了。

D：项目文件，可重新上传 RP 文件。

E：可查看、设置和改变项目访问密码。

8.2 使用 AxShare 生成原型

点击项目中的 URL 可以访问已生成的原型，见图 4。在打开的浏览器左侧，站点地图下面的小图标自左至右的功能依次是如下所示。

- 切换显示脚注。
- 突出显示交互元素：如果找不到页面中可交互的元素，点击该按钮后可交互的元素将会突出显示。
- 查看和重置变量：可以查看和重置全局变量，在制作复杂度较高的原型时，可通过这里监控全局变量是否按设置正常工作。
- 获取链接：可以得到带有站点地图的链接和不带站点地图的链接，复制链接，发送给想要查看此原型的客户即可。注意，使用移动设备浏览原型时，通常都使用不带站点地图的链接。
- 搜索：如果原型中页面非常多，可通过搜索快速查找指定页面。

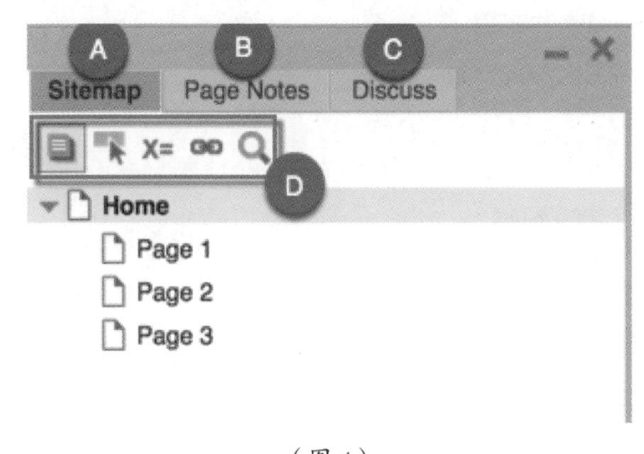

（图 4）

8.3 上传原型到 AxShare

有两种方法可以上传原型到 AxShare。

- 在 Axure 软件中点击菜单栏中的【发布 > 发布到 AxShare】，见图 5，在弹出的【发布到 AxShare】对话框中可以选择创建一个新项目或者替换一个已有项目，见图 6。当原型上传完毕后，复制提示框里的 URL，发送给他人即可浏览你的原型了，见图 7。

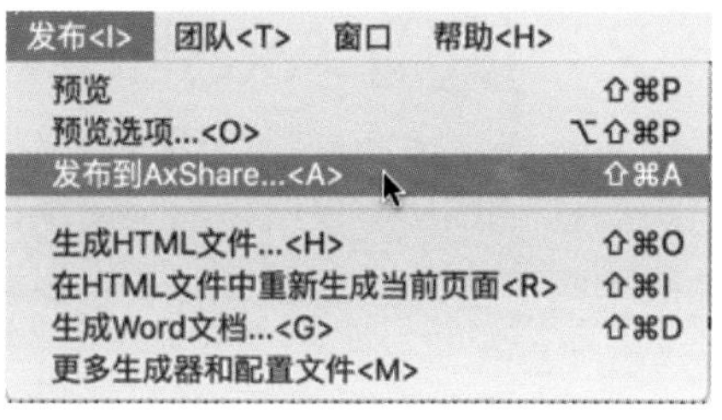

（图 5）

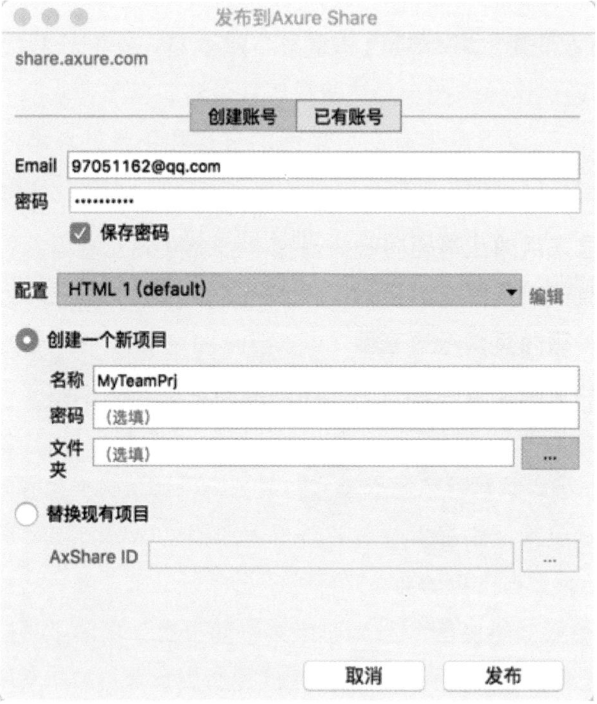

发布到Axure Share
share.axure.com
创建账号　已有账号
Email 97051162@qq.com
密码 ••••••••••
保存密码
配置 HTML 1 (default) 编辑
创建一个新项目
名称 MyTeamPrj
密码 （选填）
文件夹 （选填）
替换现有项目
AxShare ID
取消　发布

（图 6）

- 使用 share.axure.com 上传。如果你已经上传了原型，但是由于对原型做了更新需要重新上传，点击项目右侧的 upload，在弹出的对话框中选择新的 RP 文件，上传成功后即可覆盖老项目文件，见图 8。

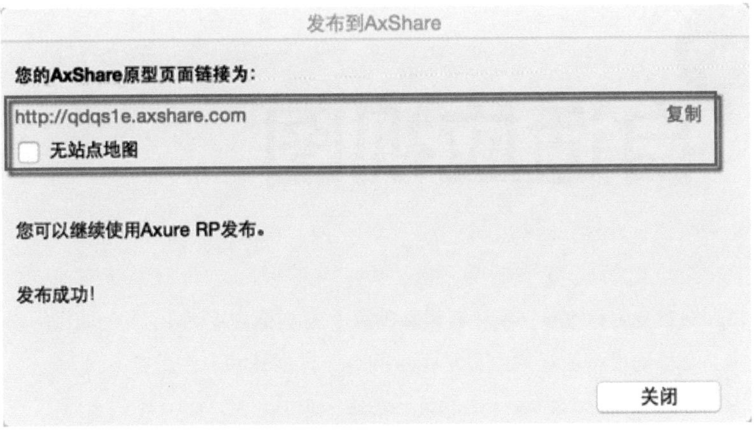

发布到AxShare

您的AxShare原型页面链接为：

http://qdqs1e.axshare.com　复制

无站点地图

您可以继续使用Axure RP发布。

发布成功！

关闭

（图 7）

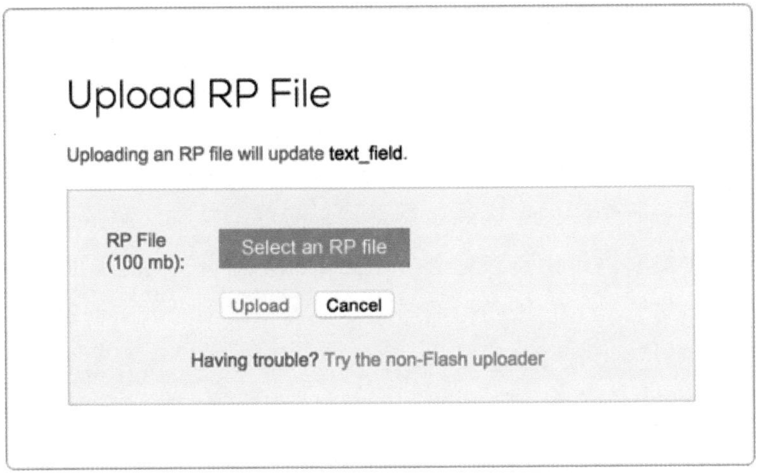

Upload RP File

Uploading an RP file will update text_field.

RP File (100 mb):　Select an RP file

Upload　Cancel

Having trouble? Try the non-Flash uploader

（图 8）

第9章

自适应视图

该章节内容可参考视频教程基础篇【32 自适应视图】。

在移动设备已经融入日常生活的今天，网站和 APP 适应不同尺寸的屏幕已成为设计中的首要考虑因素。使用 Axure 中的自适应视图功能，可以轻松设计出能够适应不同屏幕尺寸的原型。

9.1 自适应视图概述

自适应视图允许你的设计适应不同屏幕尺寸的原型，这看上去和响应式设计（Responsive Design）很像。在想要改变到不同样式或布局的页面上添加响应点（Breakpoints），当在不同屏幕尺寸的设备中（如 PC、平板电脑或手机）浏览原型时，如果屏幕尺寸符合设计的响应点，原型的布局或样式就会产生响应而变化。

在 Axure RP7 中要创建自适应视图，在坐标 0,0 左面点击【管理自适应视图】小图标，见图 1；或者点击菜单栏中的【项目 > 自适应视图】，在弹出的【自适应视图】对话框中，可以使用 Axure 预定义设置来设置你的自适应视图（如手机横屏、手机竖屏和 PC 机等）或者输入自定义宽高，见图 2。

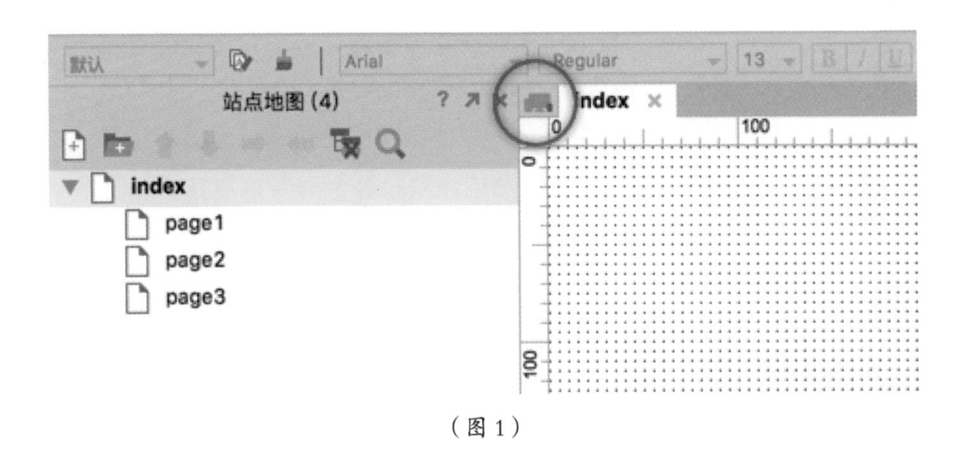

（图 1）

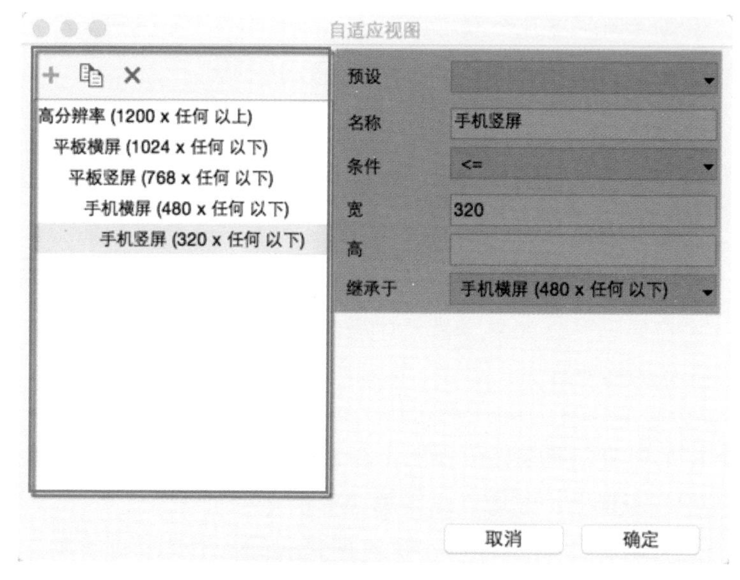

（图 2）

9.2　自适应设计与响应式设计

在继续深入讲解 Axure 的自适应视图功能之前，有必要介绍一下自适应设计（AdaptiveDesign）与响应式设计（ResponsiveDesign）这两个术语。因为很多读者都误以为 Axure 中的自适应视图功能就是常见到的那种流动布局（fluid grid）设计，这是比较严重的误解，甚至有些读者在详细了解该功能之后会因此觉得沮丧。继续读下去会帮助你正确理解它们两个之间的差异和优劣，并且你会发现，有些情况下使用自适应设计更加切合实际情况。

目前互联网中有很多关于响应式设计和自适应设计的参考资料，但通过百度的搜索结果会发现，其中很大一部分资料依然将自适应设计与响应式设计混为一谈，这也是很多读者对这两个词的概念不太清晰的主要原因之一。而且在维基百科中这两个术语共用一个关键词，但是这二者之间是有明显区别的。自适应布局可以让你的设计更加可控，因为你只需要考虑几种状态（设置适用于某几个屏幕尺寸大小的响应点）就万事大吉了。而在响应式布局中你需要考虑非常多的状态，屏幕大小改变，每一个像素都要考虑到，这就带来了设计和测试上的难题，你很难有绝对的把握预测它会怎样。

自适应布局的优势是实现起来成本更低，更容易测试，这也就是上面所描述的那样，有些时候自适应布局更切合项目的解决方案，在使用不同尺寸的设备浏览使用 Axure RP7 制作的自适应原型时可以达到和响应式相同的效果，见图 3。为了方便对这二者加以区分，你可以把自适应布局看做响应式布局的“穷兄弟”。

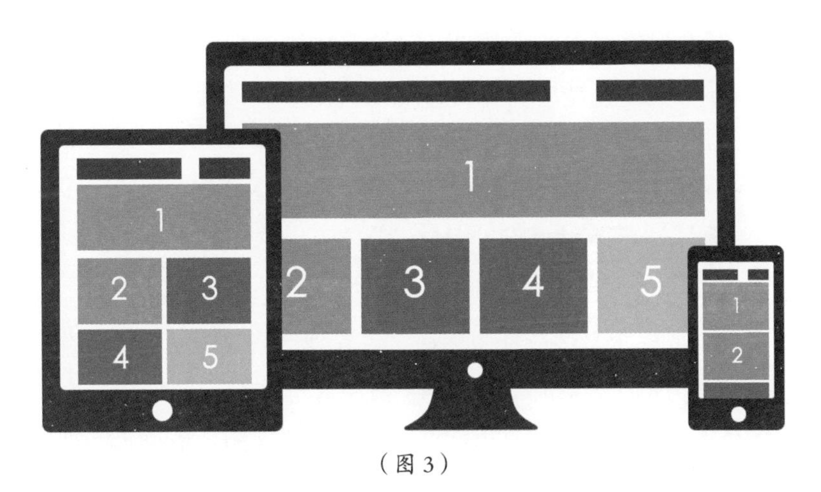

（图 3）

9.3 创建和设置自适应视图

要打开自适应视图对话框，在坐标 0,0 左面点击【管理自适应视图】小图标或者在菜单栏中选择【项目 > 自适应视图】，然后使用右侧这些选项来设置自适应视图，见图 2。

- 预设：使用 Axure RP7 预设尺寸选择一个屏幕宽度。
- 名称：自定义视图的名称。

- 条件：响应自适应视图的条件。
- 宽度：一个浏览器窗口的像素宽度。
- 高度：一个浏览器窗口的像素高度。
- 继承于：视图的部件和格式属性将继承于哪个视图。
- 继承：当自定义视图被创建之后，每个视图必须是另一个视图的子视图。其中一些属性会从父级继承下来，一些属性不会。这个“父 / 子”的关系就称为“继承”。在自适应视图中，部件的位置、尺寸、样式和交互样式会根据你在不同的视图中的设计而不同。而部件的文字内容、交互事件、默认勾选的禁用或选中是不会被继承的，在所有的视图中都是一样的。
- 基本：基本视图是你所设计自适应项目的默认视图。使用基本视图开始设计你的项目，然后在子视图中根据你的需求调整部件，其他的每一个视图都将是基本视图的子视图或孙视图等。

9.4　编辑自适应视图

在创建完一个或多个自适应视图之后，会看到这些视图按照继承顺序排列在设计区域上方的工具栏中，见图 4。如果你有多个视图继承自【基本】，你将会看到多个工具栏，见图 5。点击其中一个视图，被点击的视图就会在设计区域中显示。在开始编辑自适应视图之前，了解部件的属性在不同视图中的不同影响是很重要的。接下来就看一下不同的编辑属性以及它们将如何影响整个页面。

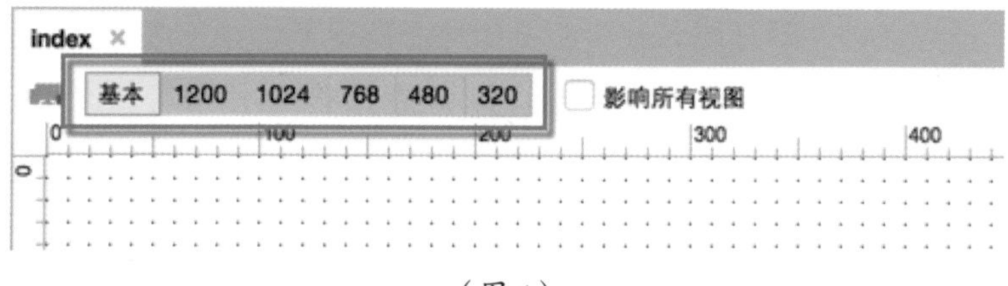

（图 4）

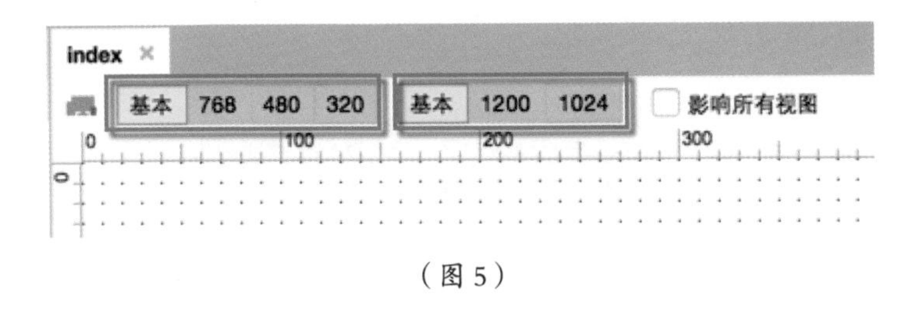

（图 5）

9.4.1 编辑自适应视图

在正式使用自适应视图设计项目之前，一定要清晰理解 9.3 节中所讲述的“继承”与“基本”两个词所代表的含义。在编辑自定义视图时修改某些部件的内容将会影响所有视图，如部件的文字内容、交互事件、默认勾选的禁用或选中。而另一些只会影响当前视图和子视图，如部件的位置、尺寸、样式和交互样式。

要编辑不同的自适应视图，在自适应视图工具栏中选择目标尺寸的视图，然后在设计区域中对部件进行编辑操作即可。根据自己的项目需求，可以选择“移动优先”，即从小屏幕尺寸的移动设备布局开始设计，如先设计手机页面布局，再设计平板电脑页面布局，最后设计 PC 端页面布局；也可以按常规方法从大屏幕到小屏幕设计。

9.4.2 影响所有视图

在自适应视图工具栏中，勾选【影响所有视图】之后，再对任意视图中的部件进行编辑，被编辑部件的位置、尺寸、样式在所有视图中都会改变。也就是说勾选【影响所有视图】会忽略不同视图之间的继承关系，见图 6。

例如，勾选【影响所有视图】后，点击手机竖屏视图即 320 视图，将其中一个矩形部件（A）的颜色修改为红色，那么其他所有视图中的（A）的颜色都会变为红色；如果未勾选【影响所有视图】，对部件进行编辑仅会影响到当前视图和子视图。

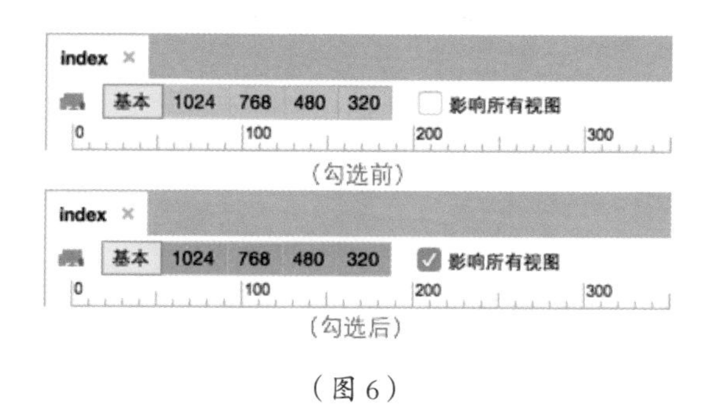

（勾选前）

（勾选后）

（图 6）

例如，在自适应视图工具栏中点击平板竖屏视图，即 768 视图，将其中一个矩形部件（B）的颜色填充为蓝色，那么继承于768视图的480和320中的（B）部件也会变为蓝色，但是并不会影响 1024 视图。因为 480 和 320 视图都是 768 的子视图，而 1024 是 768 的父级视图，并不会受到 768 视图的影响。

9.4.3　在自适应视图中添加或删除部件

1. 在自适应视图中添加部件

当我们在子视图中添加新部件后，这个部件会根据继承关系在当前视图和子视图中显示，但是并不会在父视图中显示。

例如，在 768 视图中新增两个文本输入框，见图 7，然后点击 480 视图，在文本框下面新增一个登录按钮，见图 8。

然后回到 768 视图，登录按钮并没有显示，但是在【部件管理】面板中可以看到登录按钮部件，以红色名称显示，见图 9。右键点击该部件可将其设置为“在视图中显示”，见图 10。由此可见，我们在任意自适应视图添加的部件其实添加到了所有视图中，只是根据继承关系或者我们的特定设置在指定视图中被隐藏掉了。

index
基本 1024 768 480 320
影响所有视图
用户名
密码

（图 7）

index
基本 1024 768 480 320
影响所有视图
用户名
密码
登 录

（图 8）

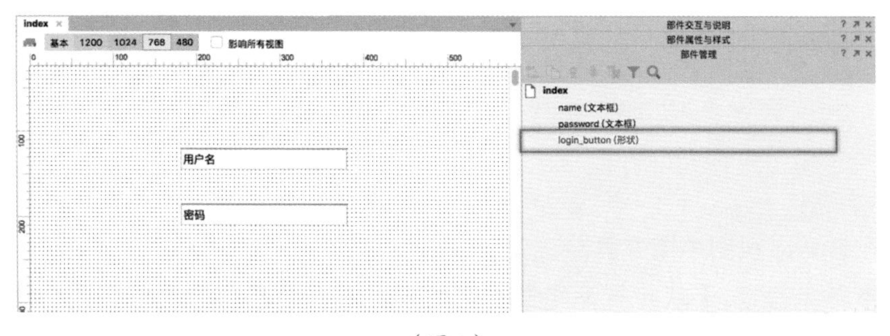
index
基本 1200 1024 768 480
影响所有视图
用户名
密码
部件交互与说明
部件属性与样式
部件管理
index
name (文本框)
password (文本框)
login_button (形状)

（图 9）

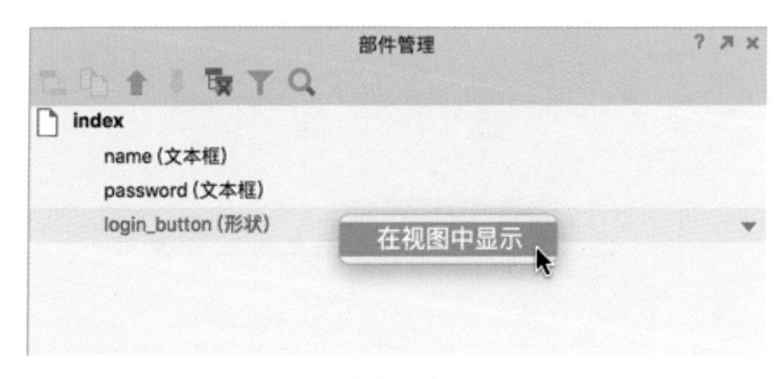

（图 10）

2. 在自适应视图中删除部件

当我们在子视图中删除一个部件的时候，这个部件就会在当前视图和子视图中被标记为【在视图中隐藏】。但是，在父视图中该部件依然显示。

例如，在 768 视图中添加一个标签部件，将其文字内容修改为【会员登录"】，见图 11，然后点击 480 视图，选中该部件并按下 belete 键删除，见图 12。此时，通过【部件管理】面板可以观察到，在 480 视图和 320 视图中，该标签部件都被标记为【在视图中隐藏】，并没有被彻底删除。

（图 11）

要在自适应视图中彻底删除一个部件，可以右键点击该部件，在弹出的关联菜单中选择，【从所有视图删除】，见图 13。或者，在添加该部件的视图中选中该部件，按下 Delete 键，也可以在所有视图中删除该部件。

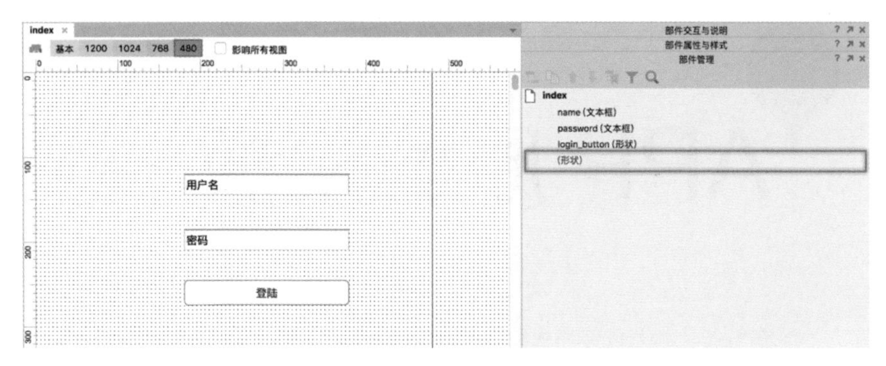
index
基本
1200
1024
768
480
影响所有视图
用户名
密码
登陆
部件交互与说明
部件属性与样式
部件管理
index
name (文本框)
password (文本框)
login_button (形状)
(形状)

（图 12）

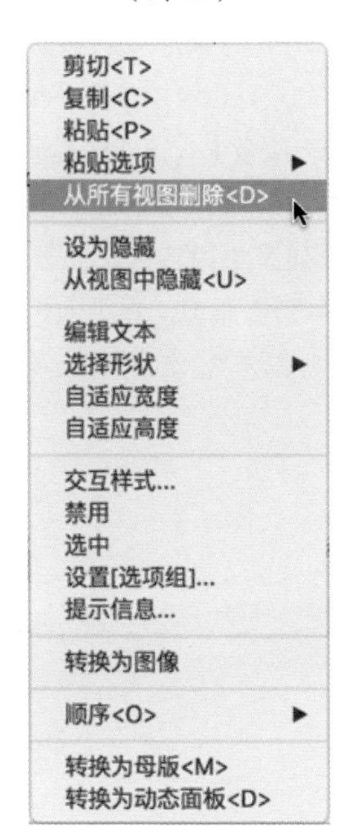
剪切<T>
复制<C>
粘贴<P>
粘贴选项
从所有视图删除<D>
设为隐藏
从视图中隐藏<U>
编辑文本
选择形状
自适应宽度
自适应高度
交互样式...
禁用
选中
设置[选项组]...
提示信息...
转换为图像
顺序<O>
转换为母版<M>
转换为动态面板<D>

（图 13）

第10章

APP 原型模板

在笔者录制完该部件视频教程后，Axure 官方推出了用来预览原型的 APP 客户端，各位读者可通过 App Store 或安卓应用市场搜索“Axure Share”，将其下载到移动设备中就可以轻松预览设计的原型了。此外，也可以参考视频教程基础篇【31 在 iPhone 手机中预览 APP 原型】，该方法是通过 Safari 浏览器预览原型的，操作方法比较麻烦，推荐读者使用官方 APP。

本章节详细讲解 APP 原型中内容的不同显示方法以及如何在真实的 iPhone 设备中预览原型，其中 APP 原型的设计尺寸和 Viewport 工作原理值得读者深入学习。

10.1 概述

在本节开始之前，十分有必要和各位读者讲述一下 Axure 的学习方法，因为有很多读者都非常急切地寻找使用 Axure 设计 APP 原型的知识，往往对 Web 原型的制作并不重视甚至忽视。对于 Axure 来说，这种学习方法是不合理的，因为在我们使用 Axure 设计原型时所使用的知识点是相同的，而且 Web 原型的设计（尤其是可交互的自适应网站设计）比 APP 原型更加复杂，设计过程中需要考虑的条件逻辑和使用到的技能综合性更强。因此，强烈建议各位刚刚开始学习 Axure 的读者按顺序阅读本书。不积跬步无以至千里，当你对 Axure 的基础知识打下牢固的基础后再学习 APP 原型制作，就会事半功倍了。

10.2 APP 原型模板

APP 原型模板是专门为设计 APP 原型而设置的 RP 文件，它包含一个专门用来查看设计效果的页面，由移动设备的【机身外壳】和【内联框架】组成，还有用来设计 APP 原型的辅助线和屏幕页面。APP 原型模板可以到论坛下载，当然也可以根据本节内容自己动手制作。笔者在此以 iPhone APP 原型模板为例进行讲解。

第一步：在【站点地图】面板中新增页面，并调整页面顺序，见图 1。

（图 1）

第二步：双击 iPhone Frame for Desktop View 页面，然后拖放 iPhone 机身外壳部件到设计区域，见图 2。

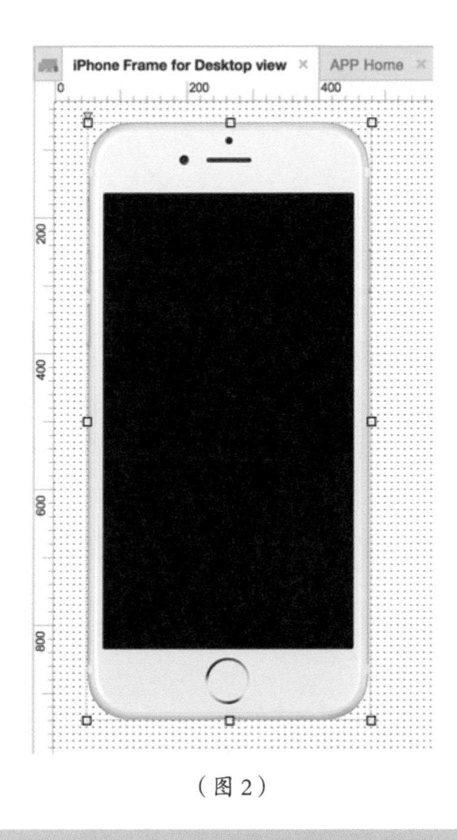

（图 2）

小提示：iPhone 机身外壳部件库下载地址 http://yunpan.cn/cLUhDx4tAbJFM（提取码：27e3）

第三步：在【部件面板】中拖放一个【内联框架】部件，将其放置于 iPhone6 机身外壳部件库的屏幕上方，并调整内联框架部件尺寸为 376×667 像素，给其命名为 iphone_frame，见图 3。

第四步：右键点击 iphone_frame，在弹出的关联菜单中选择【滚动条 > 从不显示滚动条】，然后再次右键点击该部件，选择【切换边框可见性】，将内部框架部件的边框也隐藏掉，见图 4。

第五步：双击 iphone_frame，在弹出的【链接属性】对话框中选择 APP Home 页面，见图 5，点击【确定】按钮。

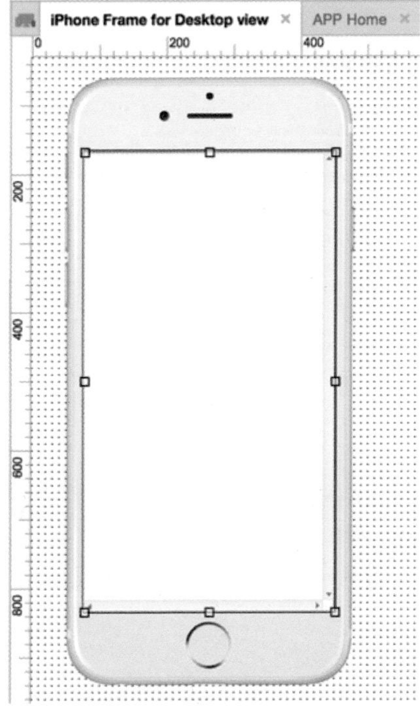
iPhone Frame for Desktop view
APP Home
0
200
400
200
400
600
800

（图 3）

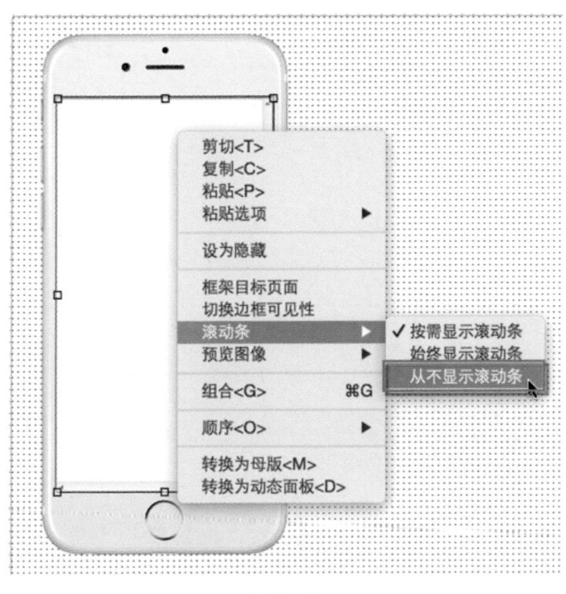
剪切<T>
复制<C>
粘贴<P>
粘贴选项
设为隐藏
框架目标页面
切换边框可见性
滚动条
预览图像
组合<G>
⌘G
顺序<O>
转换为母版<M>
转换为动态面板<D>
✓按需显示滚动条
始终显示滚动条
从不显示滚动条

（图 4）

链接属性
打开位置
链接到当前项目的某个页面
查找
iPhone Frame for Desktop view
APP Home
page1
page2
page3
链接到url或文件<例如：D:\sample.mp4>
超链接 APP Home.html fx
取消 确定

（图 5）

第六步：双击 APP Home 页面，添加一条垂直的全局辅助线，坐标 375，再添加一条水平的全局辅助线，坐标 667，见图 6。

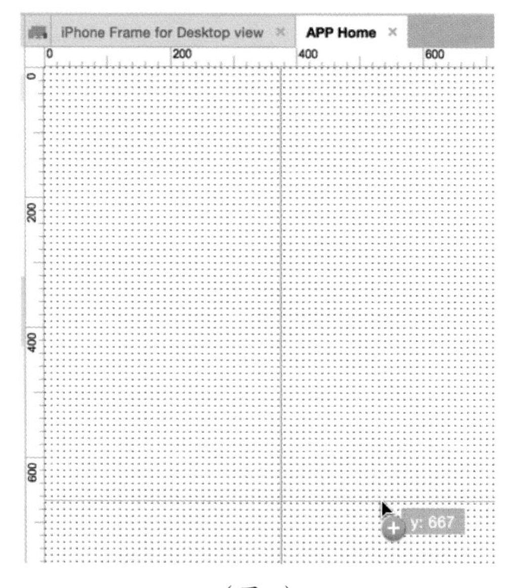

（图 6）

> 小提示：添加辅助线时按住 Ctrl /Command，添加后就是全局辅助线。当添加完全局辅助线之后，其他所有页面中都会显示。

第七步：在其他页面中开始 APP 设计时，一定要在两条全局辅助线范围内，iPhoneFrameforDesktopView 页面才可以正常显示。

> 小提示：在 iPhoneFrameforDesktopView 页面中，包含一张 iPhone 机身外壳图像和一个内联框架部件 iphone_frame（注意，要将内联框架置于机身外壳图像的顶层）。内联框架是用来载入 APP Home 页面的，内联框架和机身外壳可以放置于任何位置，但是 APP 内容在其他页面中的设计，必须在全局辅助线范围内。

当在浏览器中预览原型时，在 iPhoneFrameforDesktopView 页面看上去整个原型是在 iPhone 手机中运行的，如图 7。也可以在浏览器中点击站点地图中的其他页面直接访问原型，就不会显示手机外壳了。

（图 7）

安卓 APP 原型模板的制作方法和 iOS APP 原型制作方法一样，此处不再赘述。

10.3　APP 原型的尺寸设计

在使用 Axure 设计 APP 原型时，如果要在一个或者多个移动设备中测试 APP 原型，则需要提前获取移动设备的屏幕分辨率，再根据屏幕分辨率来设计 APP（自适应）原型的大小。如 iPhone6 的屏幕分辨率是 750×1334 像素，但我们在 Axure 的原型中设计适用于 iPhone6 的 APP 原型尺寸却是 375×667 像素，这是为什么呢？要讲清楚这个问题，首先要了解移动设备中的 Viewport 概念。

10.3.1　Viewport 概述

通俗地讲，移动设备上的 Viewport 就是设备的屏幕上能用来显示网页的一块区域，也可以理解为移动设备屏幕的可视区域。再具体一点，就是浏览器上（也可能是一个 APP 中的 Webview）用来显示网页的那部分区域，但 Viewport 又不局限于浏览器可视区域的大小，它可能比浏览器的可视区域要大，也可能比浏览器的可视区域要小。在默认情况下，移动设备上的 Viewport 都是要大于浏览器可视区域的，这是考虑到移动设备的分辨率相对于桌面电脑来说都比较小，所以为了能在移动设备上正常显示那些传统的为桌面浏览器设计的网站，移动设备上的浏览器都会把自己默认的 Viewport 设为 980 或 1024 像素（也可能是其他值，这个是由移动设备自己决定），但带来的后果就是浏览器会出现横向滚动条，因为浏览器可视区域的宽度比默认 Viewport 的宽度小。

10.3.2　CSS 中的 px 与移动设备中的 px

CSS 中的 1px 并不等于设备的 1px。我们使用 Axure 生成的原型是由 HTML+CSS+

JavaScript 构成的。在 CSS 中，通常使用 px（pixel 的缩写，即像素）作为单位，在桌面浏览器中，CSS 的一个像素往往都是对应着电脑屏幕的一个物理像素，这就是造成我们产生误解的原因：CSS 中的像素就是设备的物理像素。但实际情况并非如此，CSS 中的像素只是一个抽象的单位，在不同的设备或不同的环境中，CSS 中的 1px 所代表的设备物理像素是不同的。在为桌面浏览器设计的网页中，这样理解是正确的，但在移动设备上并非如此，各位读者必须清楚这一点。在较早期的移动设备中，屏幕的像素密度都比较低，比如 iPhone3，它的屏幕分辨率是 320×480 像素，在 iPhone3 上，一个 CSS 像素确实是等于一个屏幕物理像素的。但是随着技术的发展，移动设备的屏幕像素密度越来越高。从 iPhone4 开始，苹果公司便推出了 Retina 屏幕，分辨率提高了一倍，变成 640×960 像素，但屏幕尺寸却没变化（在大家使用 iPhone4 截取屏幕时就能深切体会到这一点，屏幕截图尺寸是 640×960 像素，截图的尺寸比视觉上看的屏幕尺寸大出了一倍），也就是说，在同样大小的屏幕上，像素却高出了一倍。此时，一个 CSS 像素就等于两个物理像素。

其他品牌的移动设备也是这个道理，例如，安卓设备根据屏幕像素密度可分为 ldpi、mdpi、hdpi、xhdpi 等不同的等级，分辨率也是五花八门，安卓设备上的一个 CSS 像素相当于多少个屏幕物理像素，也因设备的不同而不同，没有一个标准。

还有一个因素也会引起 CSS 中 px 的变化，那就是用户缩放。例如，当用户把页面放大一倍，那么 CSS 中 1px 所代表的物理像素也会增加一倍；反之把页面缩小一倍，CSS 中 1px 所代表的物理像素也会减少一倍。

看到这里，相信大家心中的谜团已经解开了，大家根据本节内容的讲解也可以深入理解“包含视图接口标记”（Include Viewport Tag）是何含义了。

关于移动设备中 viewport 的专业文献，各位读者可参考 PPK 的文章，受篇幅所限不再赘述，参考网址：http://www.quirksmode.org/。

10.4　在真实的移动设备中预览原型

Axure 官方发布了用来预览原型的 AxShare APP，安装该 APP 后就可以轻松地在移动设备中预览原型，来获取最真实的用户体验。到 APP Store 或安卓市场中搜索 AxShare 下载安装该 APP 即可，不过有一点需要注意，根据 10.3 节中的提示，大家在设计 APP 原型时就应该计划好原型尺寸。比如，当你的原型设计完毕后想要放到 iPhone6 中预览效果，那么就要按照 iPhone6 的尺寸 375×667 像素设计原型；如果要放到 iPad Air 中预览原型，那么就要按照 768×1024 像素设计原型；如果你想让设计的原型能够适应多种不同屏幕尺寸的设备，那就要参考自适应视图一章中所讲述的内容，创建多个不同尺寸的视图设计。其他不同的移动设备在 Axure 中的设计尺寸也不尽相同。

除了上述内容需要引起读者注意以外，下面的内容也需要格外注意，否则会出现莫名其妙的错误。

在我们将设计好的原型发布到 AxShare 之前，还需要进行如下设置。

第一步：点击顶部菜单栏中的【发布 > 生成 HTML 文件】，在弹出的生成 HTML 对话框左侧，选择【移动设备】，勾选【包含 Viewport 标签】，见图 8。

- 勾选【包含 Viewport 标签】（Include Viewport Tag）
- 设置【宽度】为【device-width】
- 初始缩放倍数：1.0
- 允许用户缩放：no
- 勾选【禁止垂直页面滚动】
- 勾选【自动检测并链接电话号码（iOS）】（按需求勾选）
- 隐藏浏览器导航栏（按需勾选）

（图 8）

此外，还可以给 APP 原型添加主屏幕图标和 APP 启动画面，见图 8。设置完成后点击【关闭】按钮。

第二步：点击菜单栏中的【发布 > 发布到 AxShare】，登录你的 Axure 账户，这里可以选择上传一个新项目并设置项目名称、密码，也可以替换已经存在的项目，见图 9。设置完毕后点击【发布】按钮。

第三步：提示发布成功后，在手机或平板电脑中启动 AxShare 应用，见图 10。输入 Axure 账号密码点击【Login】，登录成功后可以看到自己 AxShare 中的项目文件夹，见图 11。笔者在此点击【My Projects】后可以看到该工作区中的所有项目列表，见图 12。

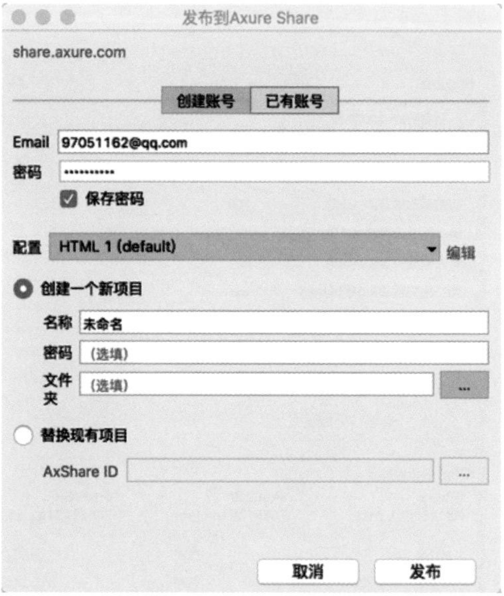

发布到Axure Share
share.axure.com
创建账号　已有账号
Email 97051162@qq.com
密码 ••••••••••
保存密码
配置 HTML 1 (default) 编辑
创建一个新项目
名称 未命名
密码 (选填)
文件夹 (选填) ...
替换现有项目
AxShare ID ...
取消　发布

（图 9）

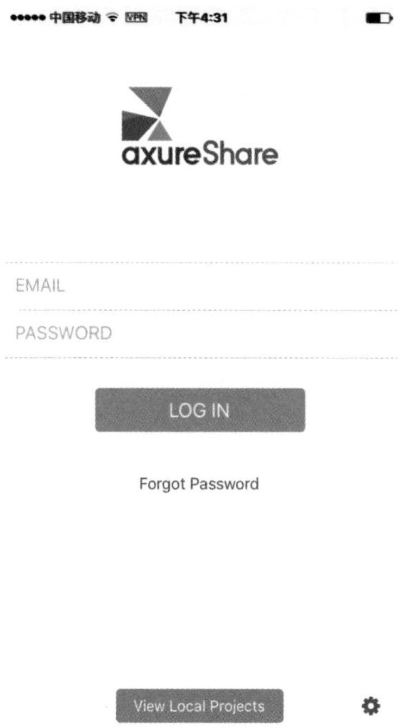

••••• 中国移动 VPN 下午4:31
axureShare
EMAIL
PASSWORD
LOG IN
Forgot Password
View Local Projects

（图 10）

••••• 中国移动 VPN 下午4:32
Home
My Projects
Yuanxingku
Cloud　Local

（图 11）

点击项目名称可以直接打开预览该项目，点击右侧的信息图标（iOS）/ 菜单图标（Android），可以对项目设置进行配置，见图 13。

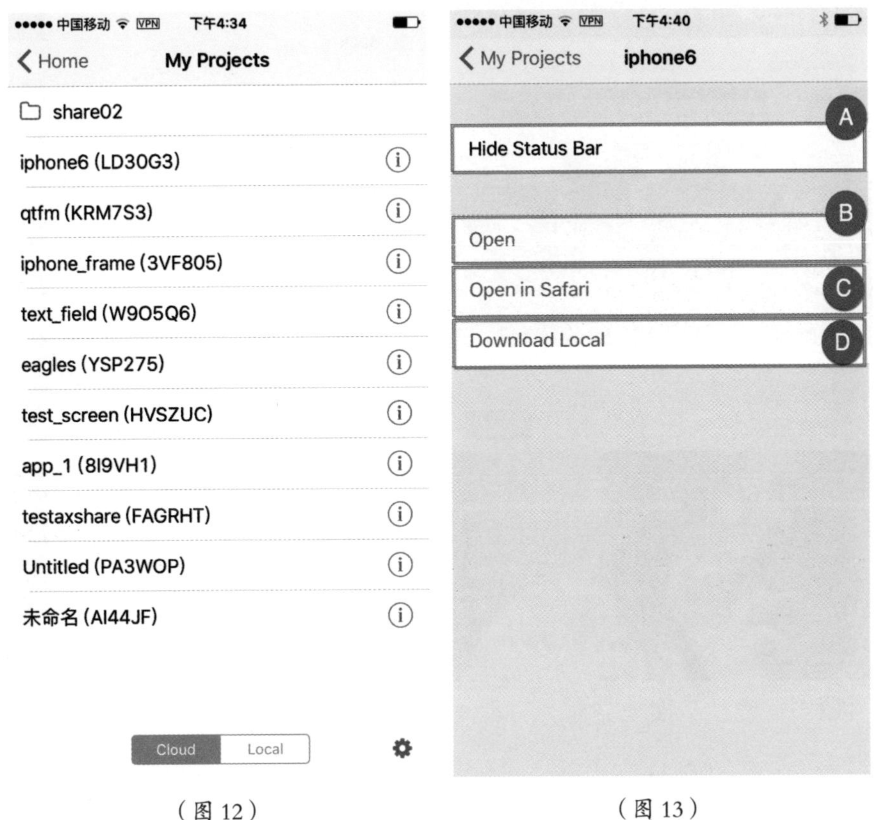

（图 12）　　（图 13）

A：隐藏状态栏

B：打开并预览原型

C：在 Safari 浏览器中预览原型

D：下载原型到本机中（下载后可以离线预览原型）

在此，笔者选中【隐藏状态栏】然后打开原型，因为笔者用于演示的原型已经制作了状态栏，如果你绘制的原型中不包含状态栏的话，此处不要勾选。打开原型后见图 14。

第四步：在打开的原型中向右滑动可以展开站点地图，见图 15。

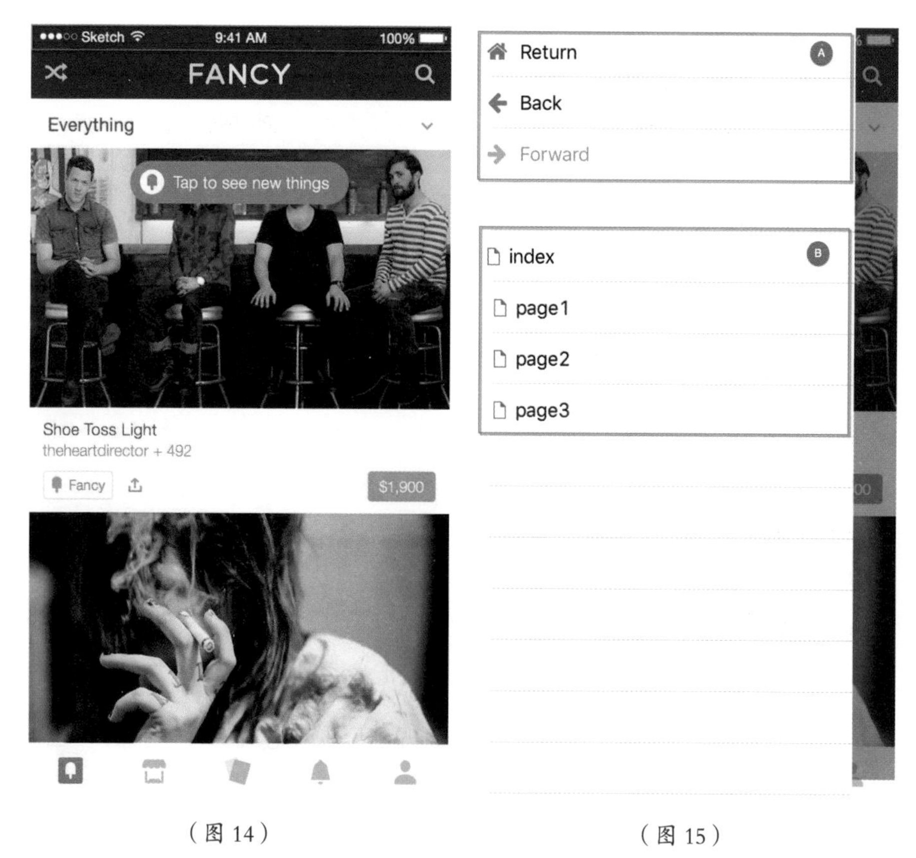

（图 14）　　（图 15）

A：应用导航

B：原型的站点地图

至此，在移动设备中预览原型就介绍完毕了，虽然还有其他方法可以实现在真实移动设备中预览原型，但是和使用 AxShare APP 相比操作更加复杂，所以笔者推荐大家使用这种方法。还有一点，如果你的 RP 文件比较大，上传要等待很久，建议使用 VPN 连接后再上传，可以明显提升上传和访问速度。

第11章

用户界面规范文档

该文档以用户界面（UI）设计理念和用户操作习惯为原则，为了保证界面设计的一致性、美观性、扩展性和安全性等，对Web/APP界面设计的原则、标准、约束和界面元素内容做出详细要求，便于用户界面原型设计和开发。

11.1 规范文档概述

用户界面规范文档是一个非常重要的沟通工具，它是由用户体验设计师根据规范撰写的，用来和开发人员沟通用户界面的交互行为。通常情况下也是在项目中必须交付的资料之一。

一旦确定项目范围，就应该确定你的投资人（客户、老板）需要哪些可递交文件，以及使用什么格式（Word 还是 PDF），越早确定就越有助于你制定工作计划。此外，应该在项目早期与开发团队沟通展示你的文档规范并获得开发团队的批准。与开发团队沟通是项目成功的关键，无论他们对规范文档的制作提出怎样的要求都不要觉得烦躁，因为制作出开发团队认可的规范文档是十分必要的，在开发团队中征求反馈有助于整个项目的成功。不过，在国内很多互联网公司中 Axure 仍然是一个新概念，因此许多开发团队不知道他们需要或者想要的东西。因此，他们不愿意在项目的开始讨论这个话题，也无法确定他们需要一个什么样的用户界面规范文档。如果遇到这种情况，请参考几条建议。

- 一定要在项目早期与开发小组讨论规范文档的标准。
- 询问一下开发小组曾经是否使用过规范文档，如果有，那就恭喜你了，借来参考一下便于顺畅沟通。
- 如果没有，就展示一个使用 Axure 制作的规范文档案例给开发小组浏览，并征询他们的意见。
- 讨论并确认开发小组希望看到的规范文档属性和细节级别，并安排在后续会议中展示在本次达成一致的草案规范。
- 最后在可交付资料的业务规则、日期要求和风格指南等元素上达成一致。

当你（用户体验团队）的工作完毕后，开发小组会根据你所提供的线框图、原型和用户界面规范文档制作全功能的网站或者 APP，由此可见原型和用户界面规范文档是相辅相成的，这二者缺一不可。

11.2 Axure 规范文档

当给部件和页面添加完注释，点击【生成规范文档】按钮后，你可能发现，生成的文档并不是开发小组想要的格式。良好的规范文档应该提供贯穿整个网站或整个 APP 的清晰透彻的描述，包括每个不同页面的结构和交互行为，以及每个不同部件的交互行为。详细来说，规范文档的底层结构由以下内容组成。

- 网站或 APP 规范文档的全局方面，编辑并使用 Axure 生成功能中的 Word 模板。
- 页面描述，使用页面注释。
- 部件描述，使用字段进行注释。

在设计网站或 APP 中通常都会有大量交互行为和显示规则，用户界面规范文档应该包含这些内容，这有助于团队成员（开发人员和产品经理等）理解并消化这些信息，也可以确保让团队知道在项目中建立了什么级别的标准和哪些类型的设计模式。下面笔者给出一个列表，并不是每个项目都会用到这个列表中的内容，仅为读者们提供一个参考。

- 介绍，用来传达目的和目标受众，也就是说，这个文档是什么，为团队中的谁而写。
- 参考指南，包含规范文档中的以下项目。
  - 屏幕分辨率
  - 支持设备
  - 日期时间的显示规则
  - 支持浏览器
  - 性能：指从用户体验角度来看，对各种交互可接受的响应时间
  - 消息提示：比如，用户错误、系统错误、用户操作数据时（查询和

过滤等）返回结果为空、确认、警告等。

- 用户支持和指导
- 处理用户访问、权限和安全
- 用户自定义功能
- 定位功能
- 辅助功能需求（比如为色盲、盲人、残障人士设计使用的功能）

■ 界面布局

■ 表格模式

■ 关键模式，其中包括以下字段的规范。

- 窗口和对话框
- 通知：如错误消息、警告消息、确认消息、信息消息等。
- 杂项：如日历模式、按钮模式、图标模式等。

■ Axure 术语或缩写词语定义表，简单来说就是解释一下什么叫母版、动态面板、中继器部件等。

■ 文档控制：如文档版本、相关文档（如视觉设计指南）、评论者及评论列表、同意者列表。简单来说就是该文档的评审内容、评审人员和评审结果等。

在现实工作中，很多项目尤其是中小微型互联网公司的项目中经常会低估或者忽略规范文档的价值，原因也比较多：一方面是时间表比较紧，很多项目都是赶着日程走；另一方面，产品经理或用户体验设计师对专业知识的缺乏也是很重要的因素。尽管在很多公司中产品经理、项目经理和用户体验设计师并没有明确的界限，甚至由一人承担，但当你看过这一章之后，应该明确地认识到规范文档的价值和用途。

11.3　生成器和输出文件

在详细讲解之前，我们先来看一下 Axure 的生成器与规范文档和原型之间的关系，在菜单栏中点击【发布】，见图 1。

我们通常所说的（可交互）原型就是指生成的 HTML 文件。点击【生成 HTML 文件】，在弹出的【生成 HTML】对话框中，可以配置输出 HTML 原型的相关配置选项，见图 2。

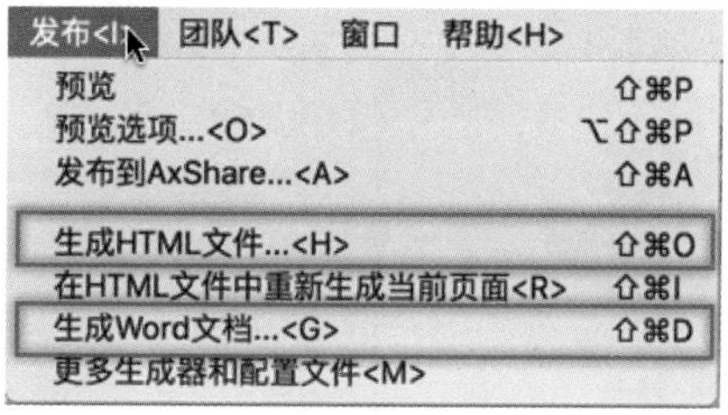

（图 1）

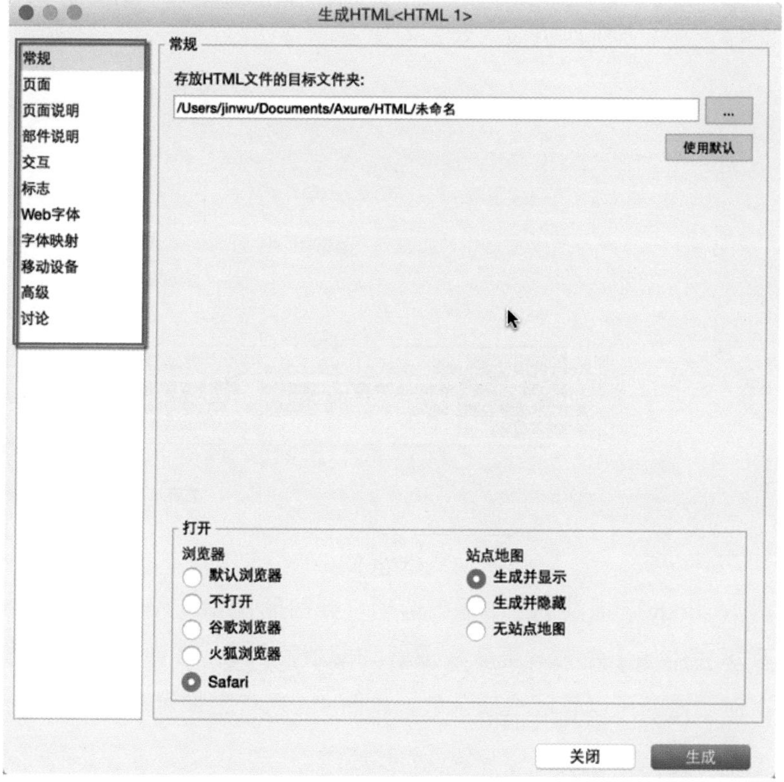

（图 2）

规范文档：即格式化的 Word 文档。与生成 HTML 文件类似，点击【生成 Word 文档】，在弹出的对话框中可以对 Word 文档的输出进行详细配置，见图 3。

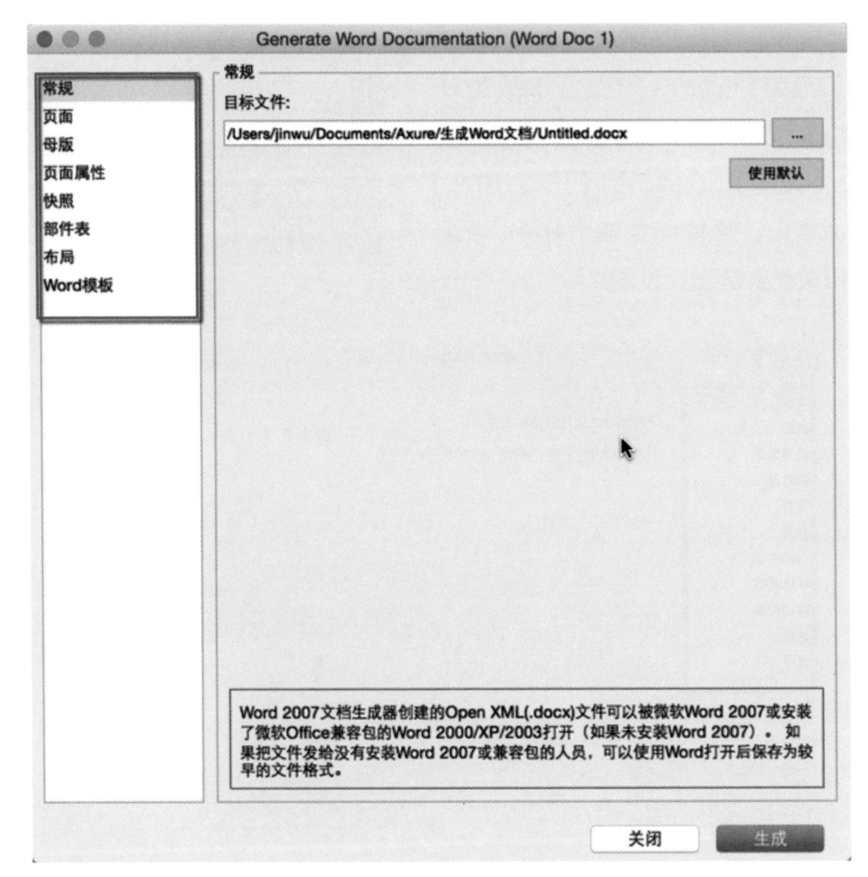

（图 3）

生成器：AxureRP7 提供了三个输出选项，分别是 HTML、Word 和 CSV 格式。点击菜单栏中的【发布 > 更多生成器和配置文件】，在弹出的【管理配置文件】对话框中可以管理生成选项，见图 4。在这里你可以：

- 添加生成器
- 编辑生成器
- 复制一个已有生成器
- 删除生成器
- 设置默认生成器

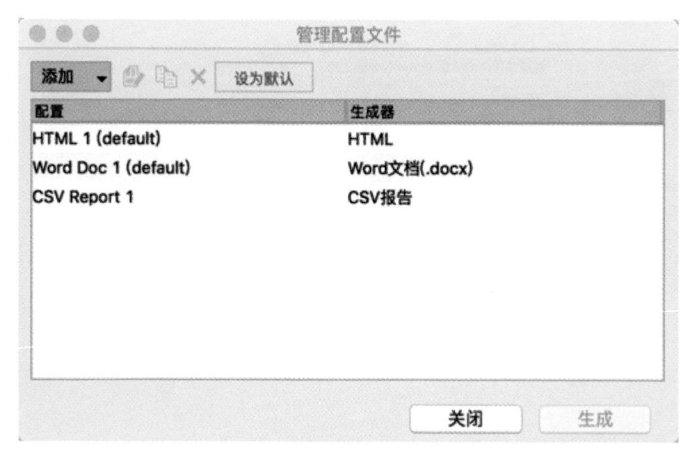

（图 4）

11.4　部件注释

在用户界面规范文档中，需要给线框图或原型中的每个部件添加描述性和规范性的信息。在有需求的情况下，开发人员会根据你提供的这些信息将线框图转换为代码，所以就像之前所讲的那样，与开发小组约定俗成的标准描述是十分必要的。但是在用户体验设计领域并没有用户界面规范文档的标准。可交付文档的格式和所包含的范围是由用户体验设计人员、用来制作规范文档的工具、还有开发小组的特殊需求所决定的。部件注释可以用来澄清你的设计功能：有注释或交互的部件有一个黄色的编号脚注在窗口右上角显示。如果要隐藏 Axure 设计区域中的脚注，点击菜单栏中的【视图】取消勾选显示脚注即可，见图 5。要隐藏生成的 HTML 中的脚注，选择【发布 > 生成 HTML，点击【部件说明】，取消勾选【包含部件说明】，见图 6。

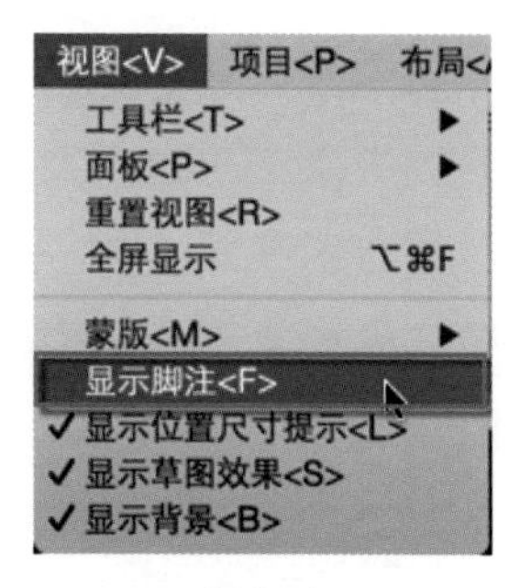

（图 5）

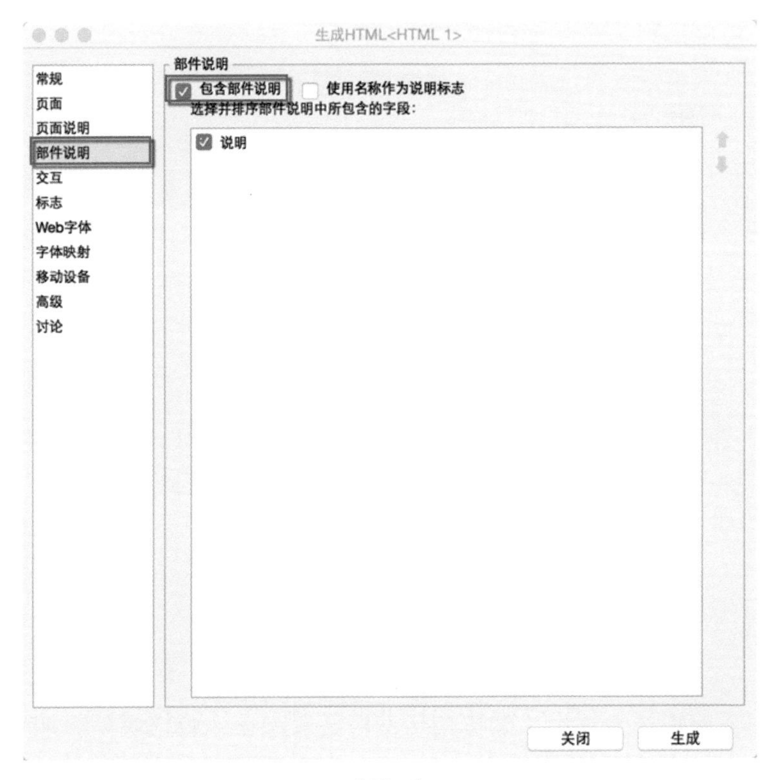

（图 6）

11.5　部件说明

点击菜单栏中的【项目 > 部件说明字段与配置】，或者在【部件说明】面板中点击【自定义】，在弹出的【部件说明字段与配置】对话框中进行设置。在这个对话框中可以对部件的说明字段进行添加、删除和排序，见图 7。还可以添加新的字段并配置不同说明字段的合集，见图 8 和图 9。

可新增的字段包括：

- Text

- 选项列表
- Number
- 日期

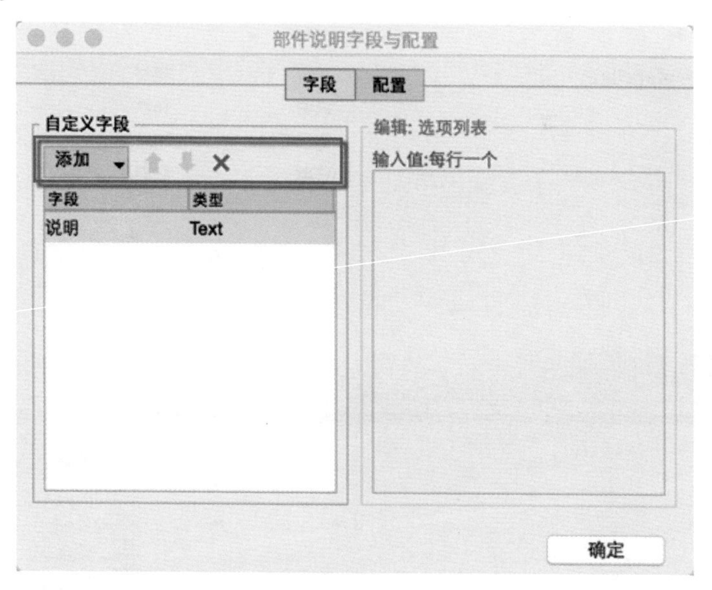

（图 7）

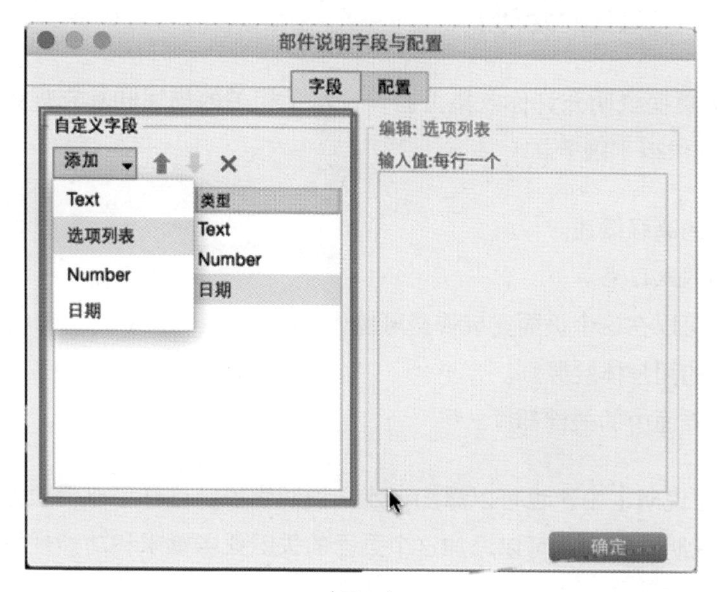

（图 8）

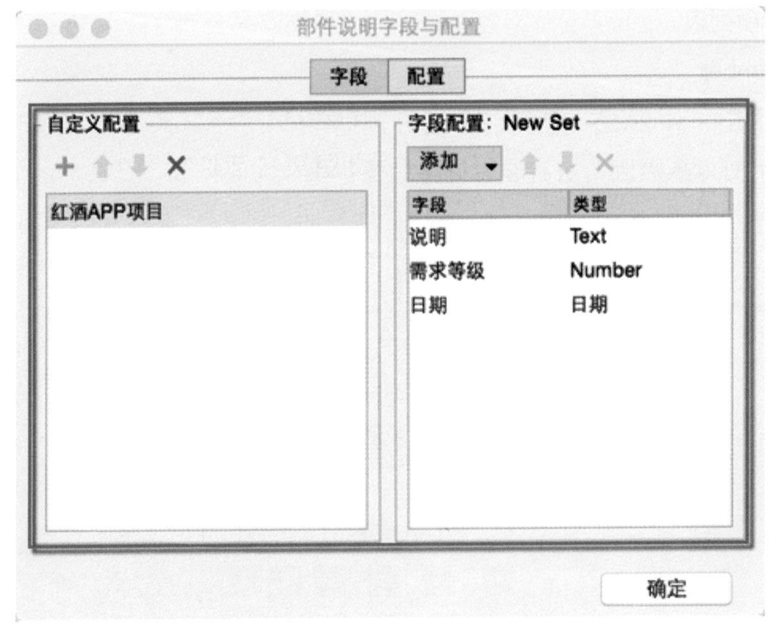

（图 9）

11.6　页面说明

Axure 的页面说明允许你收集页面设计水平相关的描述和其它规范，页面说明还提供以下细节。

- 页面的高级概述。
- 页面的入口点。
- 用户可以在这个页面完成哪些可操作的项目。
- 重要的用户体验原则。
- 用户界面中的关键部件。

在【页面说明】中，也可以添加自定义说明字段，这样可以帮助你组织并结构化说明。例如，可以添加这个页面的关键业务需求和功能规格等，见图 10。

（图 10）

页面说明可以自定义文本样式，如粗体、斜体、字体颜色等，就像处理形状部件一样。还可以使用文本格式的快捷方式，如 Ctrl+B/Command+B、Ctrl+I/Command+I 等。在页面说明中所添加的文字样式，在生成的 Word 文档中依然有效。

第12章

60小时综合案例视频教程

本书光盘中包含的视频教程共分为以下三个部分。

基础篇：在该部分视频中，首先对Axure每个部件的属性、特性和局限性做了详细介绍，并使用案例对每个部件的基础应用进行了讲解，然后对变量、函数、条件逻辑、事件、用例、条件等高级操作进行了详实的介绍，并配合大量案例进行讲解，希望读者能够静下心来学习该部分视频的内容。这是学习Axure这款工具的起点，也是重点。在起点打下扎实的基础才能更加轻松地进入下一个阶段。

进阶篇：这里的内容是将基础篇中所讲述的所有零碎知识点串联成不同的功能模块的综合应用，由此可见基础篇中的内容是重中之重。

实战篇：这里的内容是对基础篇和进阶篇知识的整合，将基础知识点串联起来组成功能模块，再将功能模块串联起来组成完整的项目，如会员注册、商品搜索、商品列表、商品排序、加入购物车、编辑购物车、判断是否会员登录、添加收货信息、选择配送支付方式、结算等。